Tolérance

Découverte

Bonjour!

# Bonjour!水果

喬鹿（Louis Jonval） 著
鄭志仁 翻譯・攝影

**喬鹿作品 02　Bonjour！水果**

作者：喬鹿（Louis Jonval）

翻譯・攝影：鄭志仁

美術設計：張士勇&集紅堂廣告

責任編輯：李惠貞

法律顧問：全理法律事務所董安丹律師

出版者：大塊文化出版股份有限公司

台北市105南京東路四段25號11樓

www.locuspublishing.com

**讀者服務專線：0800-006689**

TEL：(02)87123898　FAX：（02）87123897

郵撥帳號：18955675　戶名：大塊文化出版股份有限公司



總經銷：大和書報圖書股份有限公司　地址：台北縣三重市大智路139號

TEL：(02)29818089（代表號）　FAX：(02)29883028　29813049

製版：源耕印刷事業有限公司

初版一刷：2003年2月

定價：新台幣250元

Printed in Taiwan

# CONTENTS
## 目錄

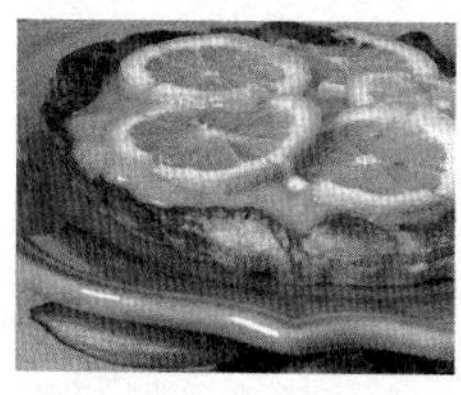

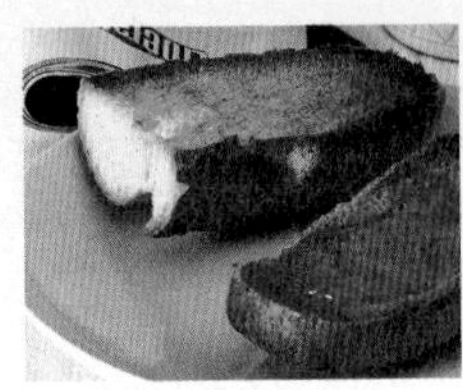

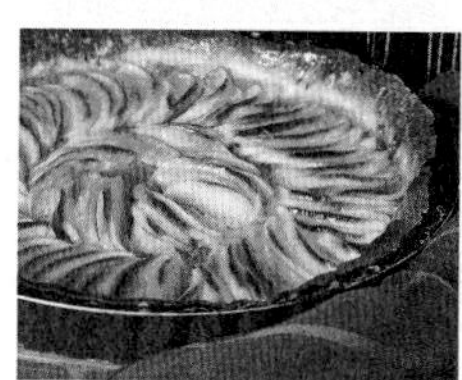

台灣經常看得到的水果專賣店，在歐洲是不存在的。我常常想，這是爲什麼呢？

在思考這個問題的過程當中，我有了一個想法——出版一本專門爲水果而寫的食譜，只有水果而已！我花了很長的時間研究，諮詢法國的醫師、營養師，也拜訪年過七十、居住在普羅旺斯的果農，請教他們如何能在這樣的年紀繼續從事果園裡辛勞的農事？他們到底有什麼秘方得以保持如此健康的身體？

這本書就是我經過各方研究的結果。

台灣人吃水果是因爲習慣呢？或是喜好？

你知道每種水果該怎麼吃和不該怎麼吃嗎？

成長期的小孩該吃什麼樣的水果，才能眞正幫助他成長？

學生要如何吃水果才能有效

地增進智能？
孕婦又要如何利用水果來增進寶寶的健康？
年長者該如何食用水果以減少日常生活中的小毛病？

## ＞重要建議

這本書專爲想要永保健康的人而寫。

吃水果有很多不同的方式，我們大都是吃生的、新鮮的水果，有時也會煮成果泥或果醬，榨成果汁，脫水成果乾，少數用糖漬。

多吃水果可以延長壽命，但是還是有一些原則必須注意。

**－食用份量有一定的限度**
**－一天之中有一定的食用時間**
**－不是每種水果都可以混著吃**

大自然很慷慨地賜予我們種類眾多的水果，每一種水果都有它們特有的營養，我們可依自己的需求食用，但是千萬不要過度。

在本書中，我將會介紹幾種在台灣市場中常見的水果。每一種水果都是不同的「化學組合」；這些組合有的具有醫療上的效能，也有一些可以應用在美容上、家庭的日用品裡，或是直接拿來做烹調。

水果在法國的生活文化中佔有很重要的位置，法國則因爲它聞名於世的化妝品與美容保養品、美食，而成爲歐洲世界中一顆珍貴的果實。

本書也將提到每一種水果的原產地，一些水果在希臘神話中所扮演的重要角色，以及許多趣聞軼事。

水果是我們生活飲食中所不能缺乏的，它們含有人體所需的礦物質和維他命，我也會在文中特別提供有關這兩者的資訊。

## >如何選擇水果

在台灣，水果沒有特別的法律約束或任何的管制，水果店裡的水果通常缺乏以下標示：

—**出產地**？（**有時僅僅是由出口國在水果本身貼上國名**）

—**水果是否噴灑過農藥**？**如果有，是在採收前或採收後**？**抑或是完全沒有**？

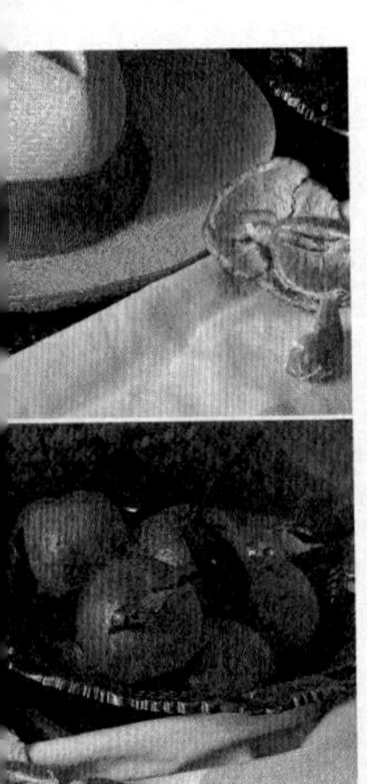

通常看起來漂亮、有光澤、顏色鮮艷的水果，都是很誘人的。不過可不能只根據外表就買了哦。

整整齊齊地排列在水果店裡的水果，很可能被多次碰觸過。如果可能的話，應儘量選擇放在箱子裡的水果，因爲至少從裝箱到銷售點後，它們都沒有再被碰過。

最好去銷售速度快的商店或市場購買。

不要買溼溼的水果，那是店家爲了讓它們看起來比較新鮮，在表面噴水的結果。

選水果時聞香味比看外觀有用，有好的香味通常就很難會選錯了。

購買量不應過度，越新鮮的時候吃越好。也不要買曝曬在陽光下或曾經曝曬過陽光的水果。

香蕉不要冰冰箱。草莓很脆弱，應放冰箱最下層。一堆水果中只要有一顆爛掉就會傳染其他的水果。水果一般都應放置在通風陰涼的地方。從冰箱取出的水果至少要半個小時才會恢復原本的香味。千萬不要把水果密封在塑膠袋裡保存，保證幾個小時內它們就會壞掉。

## >怎麼吃水果？

不削皮的水果食用之前最好先沖洗。水果最好熟了之後才吃，否則未成熟的水果含有過多的酸，容易造成腸胃不適。但是過熟吃也不好，一樣有害處。有些水果，比如檸檬，是無法和牛奶混合的。

邊喝水邊吃櫻桃非常不好，因爲櫻桃含豐富的纖維素，在胃裡遇水膨脹會導致腸胃不適。

梨子也要熟透才能吃，否則它的纖維素會造成輕瀉。

同一種水果吃過量的話，會對身體造成負面的影響；過多的花生會產生便秘；栗子不易消化；草莓可能引起過敏；柿子則要多咀嚼以避免腹痛；棗子的皮吃太多會消化不良。孕婦若吃太多花生，生出來的小孩容易對花生過敏。

水果適合早上空腹吃、解飢或當點心吃。

水果生食熟食皆宜，當蔬菜、做成果泥、慕斯、水果塔或水果派皆可。

水果還可以榨汁、壓碎做果醬、果凍、調味汁、冰淇淋。幾乎所有的水果汁都好喝。調成雞尾酒、做成濃縮汁或milk-shake，也很有風味。

## >水果療法

那一種水果可以做療程？

許多水果的療程都是針對排毒、恢復體內礦物質以及減肥等目的。比較常用的水果有檸檬、柳丁、蘋果、櫻桃、葡萄、草莓……等等。

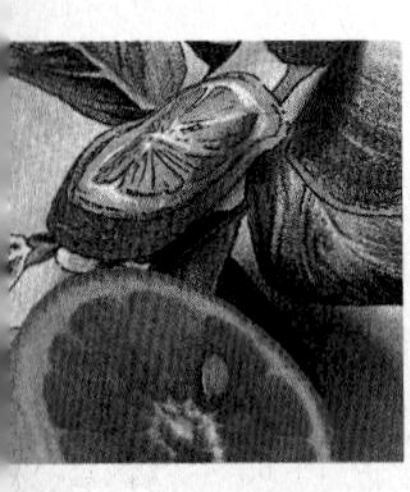

檸檬被認爲可以排毒、減肥、治療風溼和關節炎。

柳丁可以減肥。

蘋果可以對付頑強的傷風。

櫻桃可以消除體內囤積的廢物與毒素。

葡萄可以減肥、使內臟的礦物質回升。

## >如何做療程？

在做水果療程的時候，你的日常飲食習慣必須跟著調整，並且絕對要吃新鮮水果。

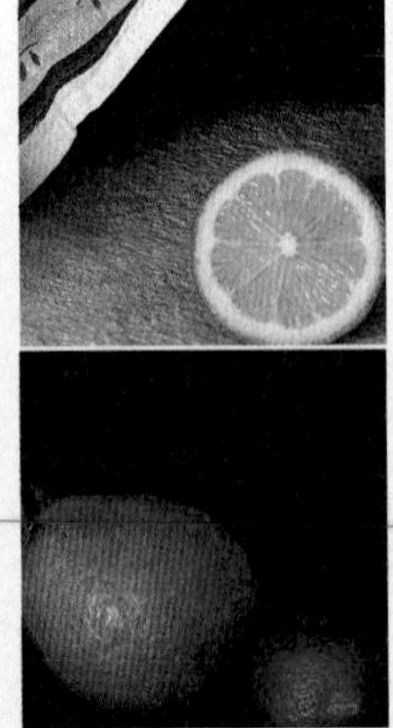

**前三天：**

**一方面增加水果的食用量，一方**

面減少肉類與奶製品的食用量。

接下來三天：
整天只吃水果，一天之中至少吃兩至三公斤（新鮮或榨汁皆可）。檸檬柳橙類可以搭配輕量食物一起吃。

最後三天：
漸漸減少水果的用量，也慢慢恢復原來的飲食，但趁機修正不好的飲食習慣（少吃油炸食物）。

療程的成敗取決於前三天和最後三天。

假如你體內有大量毒素，在療程中可能會因爲排毒而出現一些副作用，如頭痛、暈眩、心悸、四肢酸痛、皮膚出疹等。

如果症狀持續，可以試著減少水果用量，但是不要中斷，因爲這些狀況是由於體內的毒素被急劇釋放出來，而內臟來不及排解所導致。

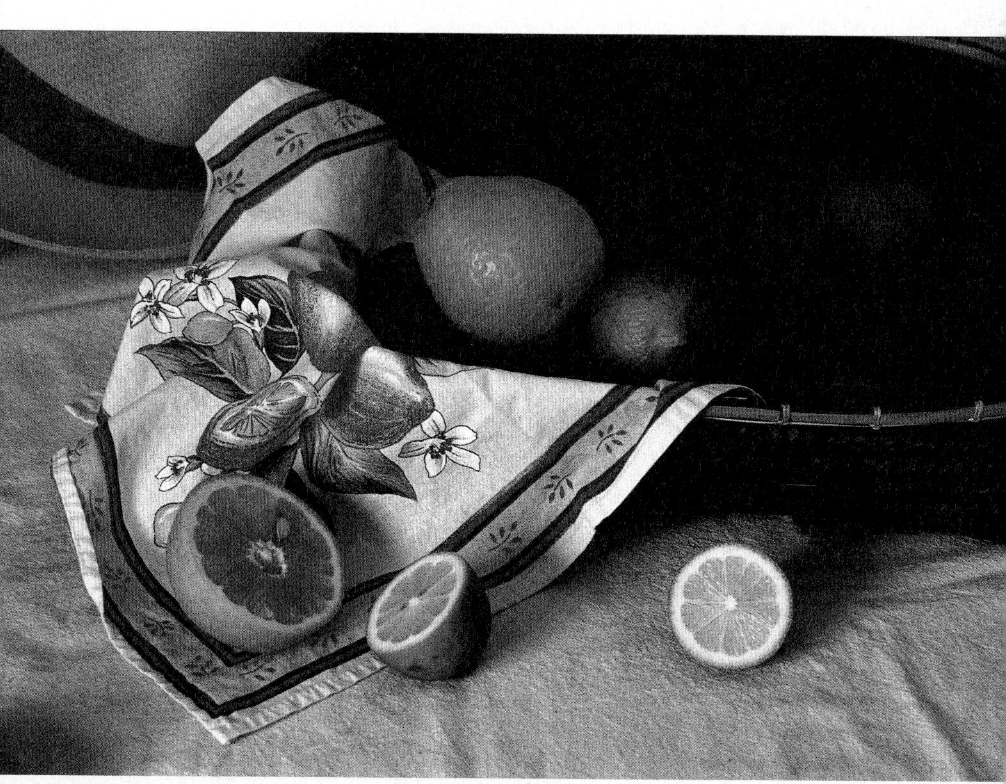

## >什麼是維他命？

維他命是維持細胞正常運作所不可或缺的物質。但它不提供有機體任何能量，也不含任何卡路里。

沒有維他命我們就無法吸收食物，甚至於不能呼吸。

人體對於維他命的需求量雖然很少，但卻是絕對必要的，它們就像一根火柴可以點燃一堆火一樣啓動我們體內的機能。

### 維他命A

維他命A對於粘膜細胞和視力的成長以及保護極為重要。它能使皮膚柔軟，促進再生與滋潤。

如果你的夜間視力變弱，就要注意很有可能就是缺乏維他命A的徵兆。

維他命A也有助於體重的增加。

### 維他命B1

這是一種能賦予活力的維他命，它能補充耗費的精力，加速體內對於糖的吸收。腦、肌肉和心臟的新陳代謝都少不了它。

維他命B1能溶解於水，每日需求量為1.1至1.5毫克。

它在100度的烹煮和結凍下都會被破壞，並且對光敏感。它可以在腸子內被吸收。

**維他命可以分成以下兩群：**

**1. 水溶性的維他命群：**

這類維他命屬於維他命B群和維他命C群。

這些維他命會溶解在水中，所以人體無法儲存。而由於它們無法停留在體內，所以幾乎每一天我們都必須攝取。

**2. 脂溶性的維他命群：**

這類維他命屬於維他命A、D、E以及K。

這些維他命可以儲存在皮膚脂肪和肝臟內。

### 維他命B2

維他命B2有助於能量的製造，使皮膚組織的成長與再生順利達成。

能溶解於水，每日需求量為1.3至1.8毫克。

它在空氣中不易氧化、也不會在高溫或結凍的情況下被破壞，但對光敏感。它可以在腸子內被吸收。

### 維他命B3

維他命B3能幫忙運送氫，保護和滋養皮膚。欠缺它可能導致痴呆症。

溶解於水，每日需求量為3至7毫克。

### 維他命B4

維他命B4能刺激白血球的形成。

缺乏它會引起多發性神經炎以及白血球減少。

### 維他命B5

維他命B5有助於能量的製造。它參與抗體的生成以及皮膚的成長與保護，並促進皮膚的再生與癒合。這是唯一一種缺少便會致命的維他命。

能溶解於水，每日需求量未知。

維他命B5是最穩定的一種維他命。

### 維他命B6

維他命B6也有助於能量的製造。它參與抗體的生成，是腎上腺素不可或缺的養份，對於腦功能與神經功能也有幫助。

溶解於水，每日需求量1.7至2.0毫克。

不易被氧化、不怕乾熱，但對光敏感。在冰凍的情況下也不會被破壞。

### 維他命B7

維他命B7能抑制脂肪在器官裡的沉澱。不存在於任何水果之中。

### 維他命B8

維他命B8主要的功能是運送二氧化碳。

它能幫助轉移能量並保護粘膜皮膚。有助於神經元和紅血球的生成，以及肝功能的運作。還能維持毛髮系統的完美狀態。

溶解於水，每日需求量未知。

### 維他命B9

維他命B9參與骨髓中紅血球的生成和細胞的進化，還有促進神經系統成長以及生殖器官運作的功能。如果缺乏維他命B9，細胞將停止分裂與製造，毛髮、指甲混濁，傷口的癒合能力也會變差。

溶解於水，每日需求量150至200毫克。

很脆弱，特別怕高溫。

### 維他命B10

維他命B10可以保護皮膚免於受陽光的侵害。

溶解於水，每日需求量未知。

### 維他命B11

維他命B11有促進食慾的功能。缺乏它會引發厭食症以及肌肉與器官的萎縮。

不存在於任何水果之中。

### 維他命B12

維他命B12能協助血細胞的生長與平衡，體重的維持、皮膚組織和肌肉的發育，都少不了它。它可以讓神經細胞的功能保持正常運作。

溶解於水，每日需求量2.0毫克。

不會受高溫破壞但對光敏感。

### 維他命B13

維他命B13能降低血液與尿液中的尿酸值。它能保護腸腔內有益的菌類。

不存在於任何水果之中。

### 維他命B14

維他命B14是存在的，不過我們對它了解不多。

可能可以防止腫瘤。

不溶解於水，不存在於任何水果之中。

### 維他命B15

維他命B15可以將氧運送給細胞、肌肉與器官。

又稱「運動員的抗疲倦維他命」，它能提高肌肉的耐性與強度，幫助激烈使用的肌肉回復正常狀態。也有抵消某些毒素（比如酒精）的能力，促使它們加速氧化。

每日需求量為1至2毫克。

### 維他命C

維他命C對於傷口的癒合以及抵抗細菌感染極為重要。它也負責把氧帶進細胞。

它在大部份動物體內，維他命C都必須與其他元素結合才能發揮功能，但是對於人、猴子和天竺鼠則例外。

溶解於水，每日需求量為60毫克。

這是維他命中最脆弱的一種，很容易就氧化、不耐熱、怕光。高溫快速烹調的方式較不易破壞它。

### 維他命D

維他命D是嬰兒骨骼的形成所必須。

它在孕婦的食譜中是必備之維他命。

太陽的紫外線曬在皮膚上，可以直接產生維他命D。在夏天裡，一星期兩至三天做10到15分鐘的日光浴就可以儲存一年量的維他命D。

### 維他命E

維他命E能保護細胞膜，也能抗老。它提供營養給肌肉細胞和神經細胞，消毒，並且提供氧氣給皮膚組織。

不溶解於水，每日需求量8至10毫克。

### 維他命F

維他命F的功能在於降低血液中的膽固醇。皮膚的滋養與再生也要靠它。

不易保存，氧化後會帶給食物不好的味道。

### 維他命K

它在血液的凝結過程中扮演重要角色。

溶於脂肪而不溶於水。容易氧化，對光敏感，不怕高溫。

## >什麼是礦物質？

**鋁、砷、硼、溴、鈣、氯、鈷、銅、鐵、氟、碘、鎂、錳、鎳、磷、鉀、鋤、矽、鈉、硫、鋅**

礦物質以極其小量的比例恆定儲存在有機生物體內。不論動植物，在成長的過程中都缺少不了礦物質。

許多研究都在找尋這些礦物質對於有機生物的影響，但目前僅止於初步的發現而已。

**鋁**

我們還不是很了解鋁在有機生物體內所扮演的角色，只知道它可能是一種酶的活化劑。在有機體中我們可以發現每一公斤就有一毫克的鋁含量。

**砷**

存在於骨頭和牙齒中。每日需求量為0.001至0.002毫克。

**硼**

我們還不很了解硼在有機生物體內所扮演的角色。

**溴**

了解有限。但是知道它可能對神經系統有鎮定的作用。

**鈣**

鈣是骨骼與牙齒的成長所不可或缺的。它也與肌肉機能有關，正常的使用量能加強心肌功能，但是如果使用過量則有心跳停止的危險。每日需求量為0.8公克。

**氯**

氯是胃液的一部份。每日需求量為3.5公克。

**鈷**

鈷有助於紅血球的生成。每日需求量未知。

**銅**

銅在許多方面都有效能。其中最重要的是能幫助鐵的吸收，構成紅血球，氧化維他命C。新生兒體內銅的含量為成年人的三倍。每日需求量未知。

**鐵**

鐵是紅血球的成份之一，也能幫助細胞的呼吸。每日需求量為12毫克。

**氟**

有益於抑制蛀牙。

**碘**

碘是甲狀腺的重要元素，能調節身體產生的能量，讓能量的產生適當。

**鎂**

鎂有助於骨骼的構成，以及一般的新陳代謝。每日需求量未知。

**錳**

是一種酶的活化劑。每日需求量未知。

**鎳**

鎳是胰腺中的重要元素。每日需求量為0.2毫克。

**磷**

磷可以強化骨骼和牙齒，是神經元正常運作的重要元素。

**鉀**

鉀可以幫助皮膚纖維的構成，調節細胞水份的含量。每日需求量為1公克。

**銣**

咖啡中可以找到它。

**矽**

防止鈣自骨骼流失。

**鈉**

鈉可以幫助皮膚纖維的構成，維持有機體內的液體，也能幫助肌肉的收縮。每日需求量為0.8公克。

**硫**

硫在皮膚生理方面是很重要的，可以幫助有機體解毒。

**鋅**

鋅有助於消化系統的功能，可以在胰腺中找到它。在免疫系統方面，有促進淋巴細胞生成的功能。每日需求量未知。

## >碎麵皮

這是一種在法國料理中廣爲使用的麵皮，簡單做、容易熟、好消化、甜鹹皆宜。最好使用奶油來做。它可以和各種食材混合，唯一的的缺點是切開或放入烤盤時很容易破碎。

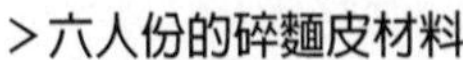

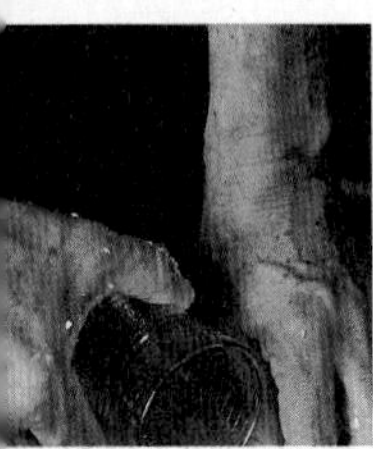

## >六人份的碎麵皮材料

200 公克麵粉

100公克奶油

1 小撮鹽

冷水

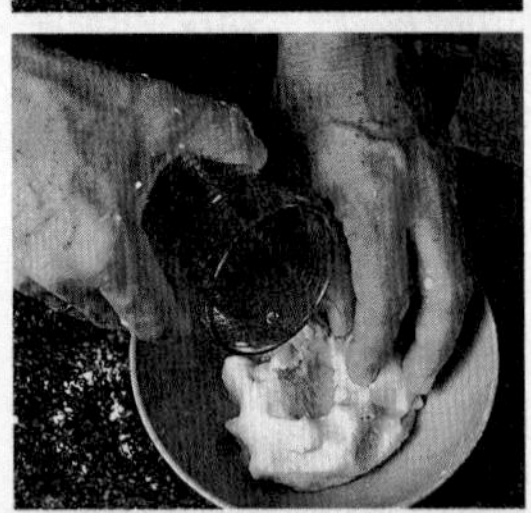

## >如何做

❶ 將麵粉倒在工作台上，在中心挖個洞，把軟化的奶油放到中心，再加1小撮鹽、1或2湯匙冷水。

❷ 用手將它們迅速混合，再用手掌揉麵糰。

❸ 把麵糰揉成一球，讓它靜置1小時。

水的份量取決於麵粉的品質：越好的麵粉會吸收越多的水份。

假如麵糰在「休息」之後變得太乾而無法在工作台上展開時，不要猶豫，再加一點水揉搓幾秒鐘。只要掌握時間，並運用手指好好把這些材料混合，麵糰就會完美無缺了。

## ＞喬鹿的叮嚀

揉搓麵糰要快速——它被揉搓的越久，烘烤時就越硬。

在放中間食材之前，記得先將麵皮烤白，這是重要的「暖身動作」。因爲許多餡料都是液狀，麵皮先「暖身」的話會比較結實，可以承受液狀的餡料，完整地烘烤而不會化開來。

## ＞烤麵皮的步驟

❶麵糰用桿麵棍小心地展開後鋪在烤盤裡。首先，要用叉子把盤底的麵皮刺一個一個的洞，以避免麵皮在烤箱中拱起。

❷接著將鋁箔紙緊密地覆蓋在烤盤中的麵皮之上。這個保護層上再鋪滿生紅豆或綠豆（豆子的重量也可以防止麵皮變型、拱起和燒壞）。

❸待烤到3/4熟、麵皮變白時，取出豆子和鋁箔紙。然後，爲了防止餡料中的液體自叉子刺出的洞流出而使麵皮化開，將一顆蛋黃打散塗抹在麵皮上，再放到烤箱烤5分鐘，烤到完全乾爲止。

❹烤好的麵皮如果放在乾燥的地方，可以保存一星期。

切記，在延展麵糰前，一定要讓麵糰在室溫下「休息」約1小時，這樣可以避免烘烤時麵皮膨脹起來。

麵皮鋪滿烤盤後總還會有一些多餘的麵糰，此時有兩個建議：

－放到另一個小烤盤中與完整的麵皮一起烤，只是烤的時間較短。

－或是再揉成一糰，用乾淨的、沾上麵粉的布包起來，放到冰箱冷藏，可以保存兩天。再久的話麵糰就會變酸。

你也可以在烘烤的前一天就鋪滿烤盤，但是不要放中間的餡料。如此不僅可以省時間，也會讓麵皮更結實，烘焙時不易變型。

La broméline contenue
dans l'ananas stimule la
digestion et permet l'élimination
de la graisse sous-cutanée -
L'ananas assouplit la peau et
---- calme les ardeurs sexuelles -

# Ananas 鳳梨

卡路里：46卡路里／100公克
維他命：A-B1-B2-B3-B6-C-B5
礦物質：鈣、氯、鐵、碘、鎂、錳、磷、鉀、鈉、硫、鋅
原產地：巴西，於1493年傳入歐洲

我有一位朋友，老覺得自己體重過重。有一回她從雜誌上讀到長期吃鳳梨可以減肥，於是決定連續吃幾個星期的鳳梨試試看。

在法國是很難買到削好的水果的，因爲去皮的水果在幾個小時後，營養就會氧化流失。所以我的朋友每天都要忍受剝鳳梨的麻煩，她經常抱怨鳳梨總是有去不掉的刺。

連續幾星期每天吃一顆鳳梨後，她開始對鳳梨反胃。最糟糕的是，每個星期日秤體重時，體重都不減反增。眞是令人絕望透了！她決定去找營養師談一談。

「您都在何時吃鳳梨呢？」

「早上吃半顆，晚上吃半顆。」

「很好，那麼您都怎麼吃法？」

「看情形嘍！」

「怎麼說？」

「爲了不讓自己吃膩，我用了一些不同的方法。」

「比如說？」

「晚上裹麵粉油炸熱食，早上則吃冷的，有時做成糖煮鳳梨。」

結果營養師鄭重地告訴她：

「這些吃法絕對會讓一個人變胖。因爲油炸與加糖完全破壞了鳳梨果肉內部讓人減重的溴化物。」

結果我的朋友停止了吃鳳梨減重的計畫，也恢復了原來的體重。

### > 你知道嗎？

中世紀時期的法國有一種說法：鳳梨可以抑制性慾。女性如果想要保持貞潔，可以用鳳梨果肉塗佈全身。

鳳梨中的酶煮熟後就會消失，所以鳳梨罐頭裡它是不存在的。鳳梨應該熟透後才單獨食用。它所含的酸與其他水果的酸並不相容。

## >對你的健康有益

**對於青少年與學生：**

鳳梨中所含的碘有助於甲狀腺的正常運作，並且能協助血液、牙齒、骨骼、神經與肌肉的生長。此外還有增強記憶力、智力的功能。

**瘦身：**

鳳梨中所含的一種酶會刺激消化以及小腸的蠕動，因此能夠快速地消化蛋白質，並且降低皮下脂肪，使皮膚更爲柔軟。

**腸胃方面：**

能治療腸胃痛。

**寄生蟲與細菌：**

能消除寄生蟲——尤其是蛔蟲，使腸子內部的微生物生態保持正常。

**膀胱、腎與攝護腺方面：**

利尿，對抗腎與膽的結石，也能消除便秘。

**咽頰炎與喉嚨痛：**

每兩小時喝幾口新鮮鳳梨汁，有助於改善咽頰炎與喉嚨的不適。

**肝與脾方面：**

調節肝與脾臟的運作。

## >對你的健康有害

**關於糖尿病：**

糖尿病患應該適量食用，因爲鳳梨中的酶會抑制血液中胰島素的升高。

怕酸或有潰瘍與風溼病的人也不宜。

## >美容養顏

以鳳梨爲基質的乳液可以幫皮膚上一層漂亮的顏色。

# *Beignets d'ananas au rhum*
# 炸蘭姆鳳梨

## >你應該準備

鳳梨縱切四分之一，
再橫切成片
50公克砂糖
一油炸鍋

## >麵糊的準備

170公克麵粉
1小撮鹽
2湯匙沙拉油
1湯匙蘭姆酒
1茶匙砂糖
100ml啤酒
100ml水
1個蛋白打成雲狀

## >如何做

❶ 把麵粉放在一個大碗公中。將鹽、沙拉油、蘭姆酒、砂糖放在中央，一面輕輕攪拌一面緩緩倒入啤酒和水，使它充分攪勻。安置1小時。

❷ 輕輕攪拌打成雲狀的蛋白，同時加入1做成的麵糊中。

❸ 將鳳梨片沾麵糊，放入熱的油鍋中炸成雙面金黃，取出瀝乾，並放置在餐巾紙上把油吸掉。

❹ 放在盤子上並撒上一層薄砂糖，趁熱吃。

>小叮嚀　鳳梨沾麵糊千萬不要過厚，薄薄一層就好。

# *Salade d'ananas au bacon*
# 鳳梨培根沙拉

### ＞你應該準備

1/4新鮮鳳梨切成小片扇形

1棵生菜沙拉

幾片培根

酒醋芥末醬

### ＞如何做

❶ 培根放平底鍋煎熟，千萬不要放油。放到鋪有生菜的盤子上。

❷ 鳳梨用一小匙奶油大火煎3分鐘。一同放在生菜上。

❸ 淋上酒醋芥末醬。

>小叮嚀　須趁溫熱食用。

L'avocat est excellent pour les
intellos! mais aussi pour les
sportifs car il fortifie les
muscles! Je parle du fruit et
non pas de
l'homme
de
Loi,
car
lui
quand
on peu
s'en passer
il vaut
mieux l'éviter
Ah oui aussi
c'est un excellent
aphrodisiaque (Je
parle toujours du
fruit bien sûr)

028
029

# *Avocat* 酪梨

卡路里：140卡路里／100公克
維他命：A-B1-B2-B6-B9-C-D-E
礦物質：鈣、鐵、磷、鉀
原產地：墨西哥

法語有時候很奇怪，一不小心就會造成誤解。

有一次與一位剛學法語的外國朋友聊天，結果對話牛頭不對馬嘴——

我說：「我要顧用一位律師（吃一顆酪梨），這樣狀況會好一點。」

他回答：「那很好（吃），是爲了什麼呢？」

我說：「當你有一些麻煩（毛病）時。」

他回答：「什麼樣的麻煩（毛病）？」

我說：「哦！有一些自己無法解決的麻煩（毛病）。」

他回答：「那它到底可以治療什麼？」

我說：「他不做治療，他不是醫生，他是律師（avocat）。」

……

這段對話，一來一往進行了一段時間，不過兩個人完全講的是兩回事。

一個想找他的律師解決問題，另一個則想著酪梨對健康的好處。

## >你知道嗎？

酪梨是一種極佳的激情物。酪梨共有五百多種種類，所以你可以有多種選擇。

## >提醒你

酪梨被視為是一種全方位的營養食品。果肉加上一點檸檬汁則更容易被消化。
不建議與雞蛋一起食用，也不要同鳳梨或辛辣的食物混合。

## >對你的健康有益

**對於學生：**

對常用腦力工作的人有刺激腦機能的作用（酪梨的蛋白質可以強化頭腦）。

**血液方面：**

有復甦血液中紅血球的功能，蘊含其中的脂肪也沒有導致膽固醇過高的危險。酪梨可以調整血液中的酸鹼度。擁有豐富的維他命A，能協助牙齒、骨骼、皮膚的成長與強化眼睛。

**對於孕婦：**

懷孕四個月後食用，有助於胎兒的成長。

**肌肉：**

對運動員來說，有幫助刺激肌肉的能力。它所含有的氨基酸（carnitide）能強化心肌。

**酪梨葉茶：**

有多種效能。能消除疲勞、頭痛，調理月經的不順，對抗咳嗽、傷風、喉嚨不適、口腔發炎、支氣管炎和神經痛，並能預防齲齒、強化牙床。

## >對你的健康有害

**對於青少年：**

吃太多容易得粉刺。

**對於孕婦：**

懷孕初期三個月中最好不要食用，因爲它可能會導致肝臟不適。

**肥胖症：**

體重過重者勿食用。

**肝方面：**

不建議有嚴重肝臟疾病以及膽結石的人食用（但是酪梨葉茶則可多飲用）。

**心臟方面：**

不建議有高血壓的人食用（別忘了它會強化心肌）。

## >美容養顏

極力推薦皮膚易受損的人使用以酪梨爲原料製成的保養品。

# *Avocat aux crevettes*
# 酪梨蝦仁沙拉

### ＞你應該準備

2顆酪梨

2湯匙美乃滋

1小撮辣椒粉（paprika）

3湯匙去殼蝦仁

### ＞如何做

❶將酪梨對切成半，取出果核。

❷取碗將美乃滋、辣椒粉和蝦仁混合均勻，再填滿酪梨。

>小叮嚀 在放酪梨的盤子上鋪一層生菜，讓它穩定。最好冰過後再食用。

# *Mousse d'avocat*
# 酪梨慕斯

## >你應該準備

1顆熟透的酪梨
100ml鮮奶油／1湯匙果凍粉
100ml美極雞精
4小匙檸檬汁／1小撮辣椒粉
數片生菜／鹽

## >如何做

❶取100ml水與果凍粉浸泡5分鐘，待其膨脹。

❷ 雞精煮沸，離火，加入果凍粉。果凍粉溶化後，放冰箱冷藏30分鐘，呈膠狀。

❸ 等待的過程中，把酪梨切開去核，用湯匙將果肉挖出，放果汁機攪拌。

❹ 取出冰箱的果凍，混合酪梨汁、檸檬汁、辣椒粉和鮮奶油，加以適當的鹽。

❺ 把3倒進模子裡，再放冰箱冷藏約4小時，待成型。

❻ 上菜時，可以在盤子中飾以生菜。模子泡熱水幾秒鐘再倒出慕斯，會較容易。

Les "Japonais traditionnalistes" surnomment leurs compatriotes qui séjournent en occident " les bananes "

Le saviez vous ? et pourquoi ?

Parce qu'ils sont jaunes à l'extérieur et blancs à l'intérieur !

oui je sais ! ce n'est pas fin mais ce n'est pas de moi !

# *Banane* 香蕉

卡路里：96卡路里／100公克
維他命：A-B1-B2-B3-B6-B9-C-D-E
礦物質：鈣、氯、鐵、鎂、錳、磷、鉀、鈉、硫、鋅
原產地：印度

有許多日本人也許是為了求學也許是為了工作，
在西方國家住了好幾年，
等他再回到自己的國家之後，有很多想法都改變了。
這是許多住在異鄉的外國人普遍遭遇的與自己文化脫節的狀況。
我自己就是一個活生生的例子——
一個老法連續來台灣居住第十九次了。
我想日本是非常傳統的亞洲民族，
他們很難理解自己同胞的一些新思想，
於是比較傳統的日本人便稱呼那些有新思想的日本人為「香蕉族」——
因為香蕉是外黃而內白的。

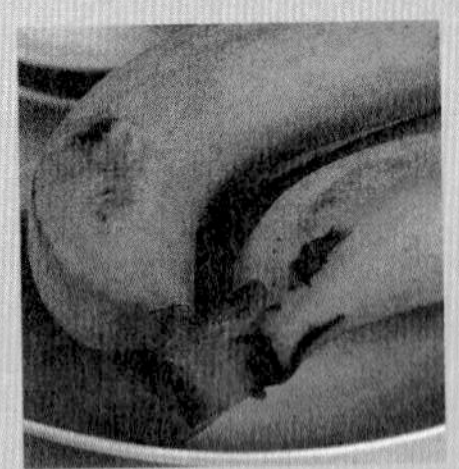

**> 你知道嗎？**

有一則印度傳說是這樣的：聖賢坐在香蕉樹蔭下休息，並食用它的果實。

## >提醒你

飯後食用不容易消化，因此空腹吃較好。
避免與澱粉類食物共食（馬鈴薯或穀類）。綠香蕉含豐富的澱粉，漸漸成熟後則轉化為糖。香蕉越熟，糖份就越高。香蕉在樹上熟透時容易囤積毒素而讓人吃後消化不良。

## >對你的健康有益

任何年紀都可食用。

**如果你愛運動：**

香蕉內含豐富糖份，容易被吸收。

**如果你愛動腦：**

需要長時間用腦的時候多吃香蕉，較不容易感到疲憊。

**對於孕婦：**

能提高母乳的供給量。

**對於成長中的孩子：**

與牛奶或優酪乳混合，是非常完美的食物。

**肥胖症：**

香蕉極適合推薦給體重過重的人（沒錯！別懷疑），它的蛋白質含量低，熱量則會讓人很快感到飽足。

經常食用香蕉可以避免憂鬱症並舒緩壓力。

它含豐富維他命與鐵，能夠幫助血紅蛋白與紅血球的形成。因此對生重病、營養不良或大病初癒的人來說，都是必要食物。

## >對你的健康有害

有糖尿病、肝病或膽結石的人禁食。

## >美容養顏

一根香蕉壓碎後與一茶匙鮮奶和蜂蜜調和，可以做成有保濕皮膚效果的面膜。

# *Bananes flambées au rhum*
# 火燒蘭姆香蕉

### >你應該準備

6 根香蕉

6 湯匙砂糖

50公克奶油

蘭姆酒

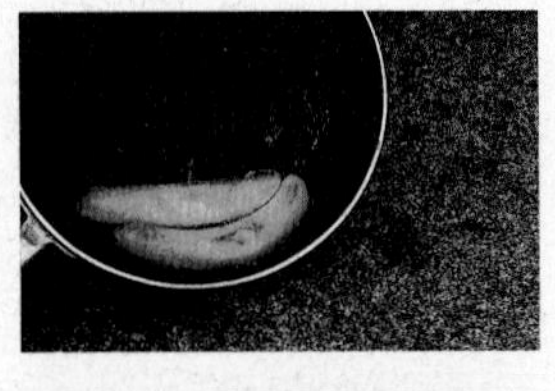

### >如何做

❶ 香蕉去皮與奶油一起放入平底鍋內，開小火。撒下砂糖煮5分鐘，在這之中翻面一次。

❷ 倒入蘭姆酒點火燃燒，趁熱食用。

>小叮嚀　不要選擇過熟的香蕉，煎煮後口感較佳。

# *Crème de banane*
# 香蕉奶泥

### >你應該準備

3根熟透的香蕉

1顆檸檬榨汁

1湯匙砂糖

150公克鮮奶油

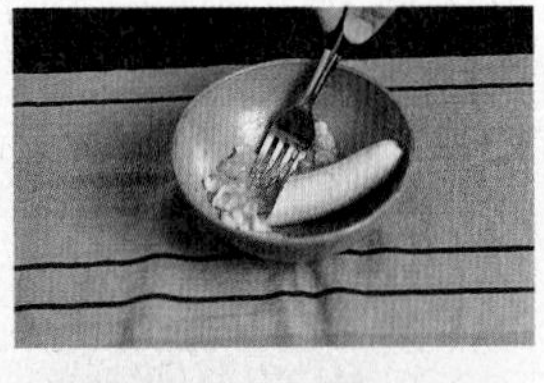

### >如何做

❶香蕉剝皮，壓碎成泥狀，加入檸檬汁、砂糖，均勻混合。

❷鮮奶油用電動打蛋器打成泡沫。

❸將2輕輕地一點一點加入1中，置冰箱冷藏。

∨小叮嚀

可以沾其他新鮮水果食用。

Le cerisier est un arbre sacré au Japon.
Sa fleur est le symbole de la pureté,
de la **douceur** et du bonheur.
Le cerisier est aussi le symbole de
la vocation guerrière des samourais.

# Cerise 櫻桃

卡路里：71卡路里／100公克

維他命：A-B1-B2-B3 -C-B5-B6

礦物質：砷、鈣、氯、鈷、銅、鐵、碘、鎂、錳、鎳、磷、鉀、矽、硫、鋅、鈉

原產地：美洲與西亞

我不告訴你在法國有多少種類不同的櫻桃，
就留給你自己六月時到法國來親身挖掘吧。
它們有各式各樣的口味，從最甜的（當一般水果吃）到
最酸的（醃在酒裡餐後享用）……不全是我們以爲的紅色，
有一些是白裡透著粉紅。
不過它們都有一個共同點：都在初夏時成熟。
以下是一段我母親與她一位朋友眞實的對話——
她問朋友：「妳兒子多大了？」
「他將在櫻桃裡滿八歲。」
我母親摸摸下巴，覺得這個回答怪怪的。
其實不然，這是一種古老的說法，只是逐漸被遺忘了。
如果我們是在櫻桃成熟的季節出生，就可以用這樣的說法。

## >你知道嗎？

你也許知道櫻花樹在日本是神聖的，然而你是否知道它也是日本武士的精神象徵？
至於櫻花，更是純潔、溫柔與幸福的代表。
在日本，當一對新人結婚時，每天都會有人爲他們準備櫻花茶，持續七週。

> 提醒你

櫻桃要熟透才食用，不然會造成胃酸。

## > 對你的健康有益

**關於抗老：**

它能讓肌膚組織再生。

**關於淨化：**

櫻桃有各種好處，它利尿、助瀉，可以消除留在體內器官的殘渣與毒素，同時可以去除腎及膽結石。

**肥胖症：**

櫻桃不是很滋養的食物，所以過胖與糖尿病患者可以放心食用。吃越多反而會越瘦（請參閱〈水果療法〉一文）。

## > 對你的健康有害

它的葉子與核仁含有一種葡萄糖的衍生物，可能導致中毒。

## > 美容養顏

櫻桃果肉能活化肌膚。

櫻桃梗泡茶可以利尿、助瀉、解熱和鎮靜尿道。

# *Flan aux cerises*
# 櫻桃派

### ＞你應該準備

500公克櫻桃洗淨，去梗、去籽
125公克麵粉
100公克砂糖
3顆蛋
500ml鮮奶（事先從冰箱取出，讓它不冰）
20公克奶油
鹽

### ＞如何做

❶預熱烤箱180度。

❷把麵粉、鹽放在一個大碗公中，再加入蛋、砂糖混合均勻。

❸一點一點倒入鮮奶，同時用力攪拌。

❹烤盤底部塗抹多量奶油，把2的麵糊倒入。

❺倒進櫻桃，放進烤箱烤35分鐘。取出後撒上砂糖，冷卻後食用。

>小叮嚀　建議選擇較成熟的櫻桃，並且每一顆切成2至3塊。

# *Cerises marinées*
# 漬櫻桃

**＞你應該準備**

1公斤櫻桃（洗淨，去一半梗，約留1公分）

100公克砂糖

500ml紅酒醋

3粒丁香

1/2茶匙肉桂粉

一點荳蔻磨碎

1咖啡匙龍蒿

**＞如何做**

❶用小鍋將紅酒醋、砂糖、丁香、肉桂粉煮沸約10分鐘。

❷關火讓它完全冷卻。

❸用沸水燙將要放置櫻桃的玻璃罐，拭乾。放入櫻桃再倒下2，加荳蔻與龍蒿。

❹浸泡兩星期。

Deux expressions
" employées
par les français de tous âges
le donner de la
pour le seul
d'une autre
personne -
cette expression
date du
Vous faites cuire des
marrons sur le feu,
les retournez
pour qu'ils cuisent d'une
égale ... cela prend du temps.
ils sont cuits ! un de vos amis
du feu,

# Châtaigne 栗子

卡路里：186卡路里／100公克

維他命：B1-B2-B3-C-E-A-B5-B6

礦物質：鈣、銅、鐵、鎂、錳、磷、鉀、鈉、硫、鋅

原產地：中國。考古學家發現栗子最早出現在7000年前的浙江省。

法文中有兩句常用語是以栗子來作比喻的，幾乎各個年齡層的人都會使用。
「火中取栗」（Tirer les marrons du feu），
意思是說自己辛苦的結果，最後讓別人坐享其成。
這是自十七世紀開始就使用的一句話。
我們可以此想像：當我們把栗子放在火中烤的時候，
為了要讓它熟而不焦，必須不停地翻動。這需要許多時間和耐心。
結果當栗子烤熟後，朋友來了，二話不說便把它拿去吃了。你會做何感想？
另外一句話是「我甩你一顆栗子」（Je te flanque un marron），
意思是「我賞你一巴掌」。
所有法國小男孩都知道這句話，
因為他們下課時總是打打鬧鬧，不是打人就是被打。

## >你知道嗎？

栗子樹在西方國家中代表一種未雨綢繆的精神，因爲它供給了冬天所需的果實。

> 提醒你

栗子很適合與其他食物一起烹調，例如紅蘿蔔、芹菜、包心菜、南瓜或是蘋果。
法國的聖誕節有一道傳統菜餚就是「栗子火雞」。

## > 對你的健康有益

**對於知識份子與學生：**

考試期間應多食用，它可以對抗精神與體力耗損所帶來的疲勞。

它是一種充滿活力的果實，能強化神經系統、肌肉群以及靜脈（避免靜脈曲張與痔瘡）。

## > 對你的健康有害

糖尿病患者禁食。

# *Marrons confits*
# 糖漬栗子

### ＞你應該準備

100公克乾栗子

200公克砂糖

1公升水

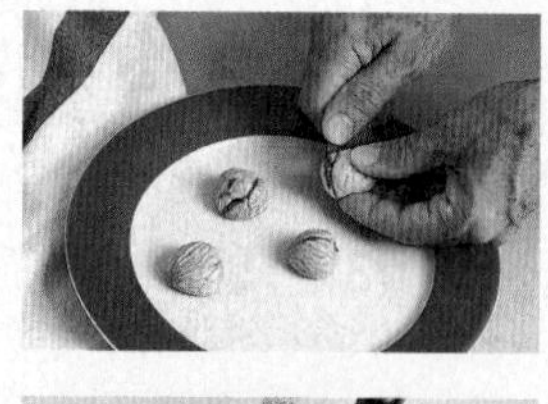

### ＞如何做

❶ 砂糖放進水裡溶化。

❷ 把乾栗子加到1中，用小火蓋鍋煮30分鐘。

❸ 讓它在糖水中冷卻浸泡到隔天，再用小火蓋鍋，一樣煮30分鐘。

❹ 冷卻後就可以自糖水中取出栗子食用。

>小叮嚀

煮的時候一定要用最小最小的火，如此才能讓糖一點一點地被栗子吸收，而栗子也能保持完整的外型。

糖漬栗子可以單吃，也可以再製成其他的甜點。

栗子自糖水中取出後，放冰箱可以保存三天。

# *Flan aux châtaignes*
# 栗子派

### >你應該準備

200公克乾栗子，做成糖漬栗子

200公克砂糖

3顆蛋

200ml鮮奶

1小撮鹽

### >如何做

❶用100公克砂糖做成焦糖，倒進要使用的模子裡。

❷取一半事先做成的糖漬栗子用叉子大略壓碎。

❸把蛋、100公克砂糖和鹽用打蛋器打成白色泡沫狀。慢慢加入熱過的鮮奶，並且不停地持續攪拌。最後一邊放入壓碎的糖漬栗子，一邊用湯匙輕輕地混合它們。

❹將3倒進1裡面，放進烤箱隔水加熱烤40分鐘。待冷卻，自模子取出。

>小叮嚀　隔水加熱所使用的水，要用滾熱的水。

Le citronnier
est le symbole
de la bonne fortune !
et en plus ..... il est le
fruit médicinal par excellence
+ alors un petit citron pressé
de temps en temps pour vous
mettre en forme !

# Citron 檸檬

卡路里：32卡路里／100公克

維他命：B1-B2-B3-B5-B6-C

礦物質：鈣、氯、銅、鐵、鎂、錳、磷、鉀、矽、鈉、硫、鋅

原產地：北非、熱帶美洲、印度、中國，不同的原產地產不同的品種。

檸檬在法語中總是與不愉快的事情相伴隨，
可能與它的酸味有關吧。
沒有比小時候得到黃疸時同學們叫我「黃的像顆小檸檬，小檸檬，小檸檬……」
更讓我惱火的事了。
這個水果在我八歲時就沒留下好印象。
等我長大開始第一份工作時，
我的老闆壓榨我又像「壓榨一顆檸檬」一樣——
就像我們榨檸檬永遠希望擠出最後一滴果汁。

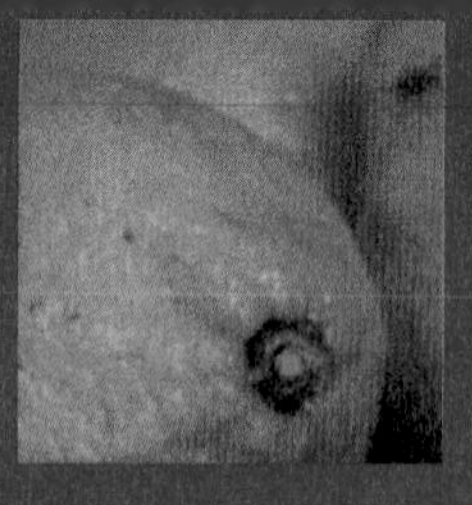

**>你知道嗎？**

檸檬樹是幸運的象徵。

**>對你的健康有益**

檸檬是一種極富療效的水果，並且是我們均衡飲食中一樣最基本的水果。它含豐富的維他命C（冬天絕對不能少），可以振奮神經系統以及大部份器官。

**血液循環：**

可以降低血液的粘稠度以及動脈血壓，高血壓、心血管疾病患者必需，它能淨化血液。

**關節方面：**

檸檬可以幫助身體器官對抗風溼、關節炎、痛風與靜脈曲張。

**肥胖方面：**

經常性地食用檸檬有助於減重，也能消除膽與腎結石。

**關於流行性感冒與發燒：**

一帖保證有效的藥方——水中放兩顆丁香和一根肉桂棒滾煮5分鐘，加入一顆檸檬榨成的汁與一湯匙蜂蜜。

**胃酸方面：**

雖然檸檬汁很酸，卻可以對付胃酸過多的毛病，因爲它可以舒緩胃黏膜酸性分泌液的生成。（曾患有胃潰瘍的病人則不建議使用。）

**關於瘧疾：**

有效對抗瘧疾。

**肝方面：**

幫助肝臟正常運作，並預防疾病的侵害。

**消毒方面：**

它有消毒與去垢的功效〈常被加在洗潔精內〉。

**其他方面：**

能舒緩腹瀉、頭痛，抵抗勞累過度、心臟病變意外。

**如果你熱愛運動：**

請把它當做三餐必備的食物。

## ＞提醒你

檸檬能幫助身體對抗許多病菌，但是它也會帶來脫鈣與體內礦物質流失的問題。因此使用量極為重要，千萬不要過量！我們也可以檸檬汁代替醋調製沙拉醬。

防蛀蟲與其他昆蟲：將曬乾後的檸檬皮置於衣櫥內可以驅蟲。

**我們可以偶爾做一做下面的療程：**

——第一天空腹喝下一杯調水檸檬汁（一顆檸檬的量）。

——接下來每天增加一顆，並把它們平均分配在一天當中；例如第二天兩杯分早晚喝，第三天三杯分早中晚喝……直到四杯的量。

——七天中每天都維持四杯的量。

——七天之後一杯杯遞減。

## ＞對你的健康有害

**關於懷孕：**

妊娠的前三個月以及哺乳期間不建議使用。

**關於酸：**

小朋友以及年紀較大對酸敏感的人也最好避免，因爲檸檬有脫鈣以及使身體無機鹽流失的作用，因此使用上要小心。它對以下病患是有害的：貧血者、佝僂病、前列腺病患和身體虛弱者。

## ＞美容養顏

**關於聲音：**

如果聲音也屬於「美」的一部份，檸檬可以讓你有一副明亮的嗓音。受歌手與演說家喜愛。

**關於頭髮：**

如果你希望有一頭如絲亮麗柔軟的秀髮，可以在沖洗完洗髮精後，用一顆檸檬榨成汁再加上水稀釋，沖淋秀髮。假如你容易掉頭髮，還可以使用一顆檸檬直接在頭皮上擠壓按摩。

**關於牙齒：**

每天早晚用檸檬塗抹牙齒，可以讓牙齒潔白明亮。

**顏面的保養：**

檸檬是非常好的去黑斑洗面液——把蛋白打成棉花狀，擠一顆檸檬混合均勻，將它敷於臉上10分鐘左右，再用清水洗淨。

**疣：**用檸檬皮浸泡醋放一星期，取出後敷在患部，早晚各一次。

**寄生蟲：**

將檸檬皮切碎混合蜂蜜，用一杯溫水泡著喝。

**發燒引起的痘子與皰疹：**

塗抹檸檬皮製成的精油，能快速地消毒皮膚表面。這是一種天然的消菌劑，它能對付黴菌、細菌和腸胃寄生蟲。

檸檬使用於外部則可強化指甲、增加皮膚的彈性與柔嫩、減少皮膚出油、緩和雀斑的色澤。

# *Granité au Citron*
# 檸檬冰鑽

### >你應該準備

150公克砂糖

2顆檸檬的外皮銼碎

600ml水

4顆檸檬榨汁

6片薄荷葉切碎

### >如何做

❶將砂糖、檸檬的外皮和600ml水放進鍋中，加熱沸騰5分鐘。

❷鍋子離火，加入檸檬榨汁以及薄荷葉碎。待冷卻。

❸把2倒進一個可以進冷凍庫的缽內，冷凍至少6小時。每2小時取出一次，用叉子或果汁機搗碎。（目的在於不讓它結成整塊冰，而是呈結晶狀。）

❹食用前半小時放到冷藏庫，以免過硬。

＞小叮嚀

也可以用其他的水果照樣做成不同的口味：

哈密瓜—5百公克哈密瓜＋4百公克砂糖＋2顆檸檬榨汁。

草莓—6百公克草莓＋三百五十公克砂糖＋3顆檸檬榨汁。

# *Tarte au Citron*
# 檸檬塔

### >你應該準備

直徑24cm的烤盤
1張碎麵皮
1顆黃檸檬表皮
10ml檸檬汁
80公克砂糖
40公克奶油
3顆蛋打散
一盆放有冰塊的水

### >如何做

❶取一小鍋將檸檬汁、砂糖和奶油以手動打蛋器混合。

❷用中火加熱至沸騰，降低火力。

❸一面慢慢倒入檸檬皮與蛋，一面用打蛋器不停地攪拌，同時文火加熱約1分鐘。

❹當3漸漸變濃時關火，迅速放到準備好的水盆中以防止過熱，然後繼續攪拌約3分鐘之後，置於冰箱冷藏。

❺預熱烤箱200度，將麵皮放烤盤內，烤15至20分鐘呈金黃色。

❻取出麵皮待冷卻。將4自冰箱取出，攪拌後直接倒在麵皮上。

> 小叮嚀　在製作過程中，材料的份量與時間的控制是非常重要的，製作糕餅類時尤其比其他的烹調更敏感。

s'il y a
un fruit qui
a inspiré les
linguistes, c'est
bien la fraise !
"sucrer les fraises" se dit
d'une personne un peu gâteuse
qui est agitée
d'un tremblement
comme si cette
personne
saupoudrait les
fraises avec
du sucre
en poudre !
"ramener
sa fraise"
est une expression
aussi imagée
que la précédente
mais la fraise est dans ce cas la tête.
se dit également d'une personne qui se
manifeste ou donne son avis quand on ne
lui demande pas -

# Fraise 草莓

卡路里：39卡路里／100公克
維他命：A-B1-B3-B9-C-K-B5-B6
礦物質：溴、鈣、鐵、碘、鎂、磷、鉀、矽、鈉、硫、鋅
原產地：歐洲

如果要說哪一種水果提供語言學最多的想像空間，
那一定就是草莓了！
「灑糖草莓」（sucrer les fraises）是極傳神的說法……但是不很禮貌。
它用來形容老年癡呆症患者身體不停抖動的樣子，
就像我們用湯匙將糖灑在草莓上的動作一樣。
「揀他的草莓」（Ramener sa fraise）是插嘴的意思。
「我重重的一拳打在他的草莓上」
（Je lui ai envoyé mon poing en pleine fraise），
這裡的「草莓」則指的是臉部。

**>你知道嗎？**

草莓的維他命C含量是檸檬或柳橙的兩倍。

### >提醒你

**空腹吃草莓容易使皮膚起疹子（因為與體內排毒有關）。**
**最好不要加糖吃，草莓中的酸與糖結合，會讓身體礦物質流失。**

### >對你的健康有益

草莓是一種振奮劑，同時也能使體內礦物質再生。

**神經方面：**

它能調節神經系統，所含的水楊酸（salicylic acid）有鎮靜的效能，能舒緩關節炎與痛風的痛苦。

**肝臟方面：**

能刺激肝功能，對抗腎、膽的結石，排除尿液中的酸。

**對於學生：**

能預防過度勞累與貧血。

**對於糖尿病患者：**

可放心食用。

**牙齒方面：**

因含有木糖醇（xylitol），能預防齲齒。

### >對你的健康有害

有潰瘍、胃酸與肝機能不全的人禁食。

### >美容養顏

用新鮮草莓泥敷臉，風乾後再用清水洗淨，能美白膚色。

# *Tarte aux fraises*
# 草莓塔

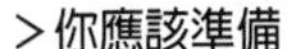

### ＞你應該準備

1 張千層麵皮
500 公克去梗草莓
糕餅鮮奶油醬

### ＞如何做

❶ 烤箱預熱180度。

❷ 烤盤上一層奶油，放入麵皮。用叉子將盤底麵皮刺出幾個洞，以防止烘烤時麵皮膨脹。然後覆蓋一層鋁箔紙，再倒入生綠豆或紅豆，鋪滿盤底。（請參考〈怎麼做碎麵皮〉一文。）

❸ 放進烤箱烤20分鐘，取下鋁箔紙，再放回烤箱把麵皮烤乾即可。待涼。

❹ 塗滿糕餅鮮奶油醬，再放上草莓。

### ＞糕餅鮮奶油醬做法：

把五個蛋黃與200公克砂糖放在大碗內打散，直到糖完全溶化。然後慢慢加入100公克麵粉均勻混合。打一顆蛋進去，攪拌直到液體變白。

將1公升的牛奶煮沸，放一小撮鹽，緩緩倒入上述的液體中，並且持續攪拌。將混合後的醬汁用小火加熱，並且用木匙不停地攪動以防沾鍋，沸騰後關火待冷卻，在液體上覆蓋一張塗上奶油的紙，防止表層凝固。

>小叮嚀　你可以將草莓整顆擺上，也可以切成1/4放上，灑上砂糖。

# *Clafoutis aux fraises*
# 草莓蛋糕

## ＞你應該準備

600公克草莓

2顆蛋＋3顆蛋黃

200公克砂糖

400ml鮮奶油

25公克奶油

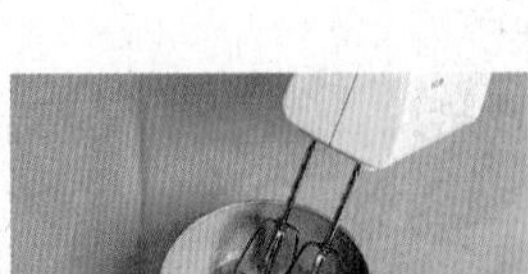

## ＞如何做

❶把所有的蛋與100公克砂糖混合，用打蛋器打散至呈白色泡沫狀。加入鮮奶油均勻混合。

❷草莓切對半放進已塗上奶油的烤盤中，再把1倒入。

❸放進已預熱100度的烤箱中烤1小時。

❹將剩下的砂糖撒上，用上火將表面烤焦黃。

>小叮嚀　溫熱或冷卻後食用皆可。

Le même mot et
la même prononciation pour 3 choses
différentes – Alors attention aux quiproqu
Vous parlez de quoi ?
de l'**oiseau** de Nouvelle Zélande –
de la marque de cirage …
ou tout simplement du fruit ?
Quand on mange un kiwi ce n'est pas
l'oiseau que l'on mange mais le fruit et
on nettoie ses chaussures ni avec l'oiseau
ni avec le fruit ….

卡路里：53卡路里／100公克
維他命：B1- C- D-E-B2-B5-B6
礦物質：鈣、鎂、磷、鉀
原產地：紐西蘭

二十年前奇異果剛傳入歐洲時，
它的名字kiwi曾造成一段時期的語言混亂。
原因有三個：
第一，它是一種紐西蘭鳥類的名字；
第二，它也是一種水果名；
第三，有一個世界知名鞋油的品牌也叫kiwi。
這三個字不管在發音或書寫上完全相同。
所以當我們吃kiwi時，我們吃的是水果而不是鳥；
當我們拿kiwi擦鞋時，不是用鳥或水果擦鞋而是指kiwi牌的鞋油⋯⋯
所以，請小心使用這個字眼，以免造成誤解。

**>你知道嗎？**

其實奇異果並不是我們所認爲的含有最多維他命C的水果，番石榴的維他命C含量比它更多。100公克的奇異果含有94毫克的維他命C，而100公克的番石榴則含有500毫克的維他命C。

## >提醒你

奇異果葉與果實具有同樣的養生功能。沖泡葉子來喝可以是一種助瀉劑。此外，它還有振奮效力，可以抗疲倦、痙攣、哮喘以及心臟功能不全。

## >對你的健康有益

**對於學生：**

能夠有效地防止腦力與體力的過勞。

**心臟方面：**

能調節心機能，心臟不好的人應該每天吃一顆。

**寄生蟲：**

有效地防止阿米巴蟲與腸胃寄生蟲。

## >對你的健康有害

過度食用可能引起消化不良和直腸發炎。

# *Cocktail de kiwi à la verveine*
# 馬鞭草奇異果汁

**>你應該準備**

1顆去皮奇異果

1顆檸檬榨汁

200ml水

10葉馬鞭草

20公克砂糖

4葉薄荷

4湯匙碎冰

**>如何做**

❶用200ml熱水泡馬鞭草，待涼備用。

❷奇異果、檸檬汁、砂糖放果汁機打汁。

❸1、2混合，加上碎冰攪拌均勻。

❹把果汁倒到杯裡，再撒上薄荷。

> 小叮嚀　一早空腹喝。因它含豐富維他命，能讓你充滿活力地迎接一天的開始。

# *Tarte aux kiwis*
# 奇異果塔

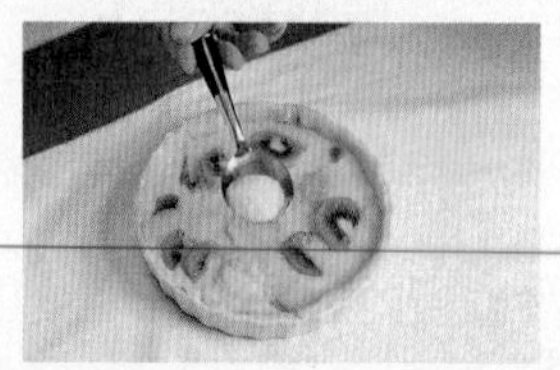

**> 你應該準備**

1張碎麵皮

6顆奇異果削皮切成1公分厚圓片

4顆蛋

25ml鮮奶油

150公克砂糖

4ml蒸餾葡萄酒（d'eau-de-vie 或marc）

**> 如何做**

❶將碎麵皮放到烤盤上烤熟。（請參考〈怎麼做碎麵皮〉一文）

❷取一大碗公，用打蛋器混合蛋、鮮奶油、100公克砂糖與蒸餾葡萄酒。

❸將奇異果鋪在麵皮上，再倒上2，最後撒上剩下的砂糖。

❹進烤箱，以180度烤20分鐘。

❺取出冷卻。

烤的時候為了避免麵皮邊緣烤焦，可以用鋁箔紙保護。

il existe plus de 1000 espèces de mangu
Essayez les toutes et choisissez celle
que vous préférez.

# *Mangue* 芒果

卡路里：55卡路里／100公克
維他命：A-B1-B2-B3-B4-B6-C
礦物質：鈣、鐵、磷、鈉、鉀、鎂、鋅
原產地：熱帶美洲、印度、非洲

我對於自己是小學全校裡第一個吃過芒果的人這件事，
一直感到沾沾自喜。
那是好久以前的事了……大概有50年了吧。
當時我去非洲探訪在那兒工作的父親，
回法國時順道帶回了一顆芒果，跟我那些從沒見過芒果的同學們分享。
想看看，35個小朋友圍著一顆芒果，每個人都想碰一下、聞一下，
甚至吃一口的情景……當然最後大家都只分到了一小口。
但是，最重要的是和大家分享的那一刻吧！

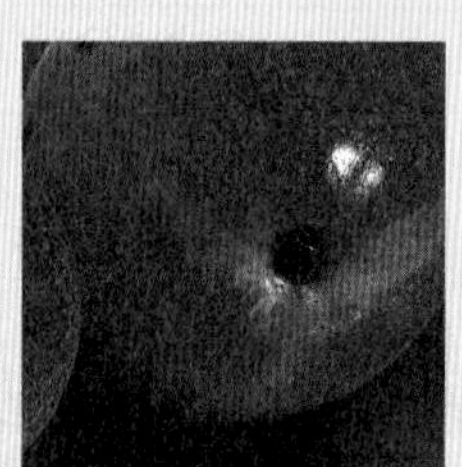

**> 你知道嗎？**

印度人稱芒果爲「水果之王」。

芒果應該熟透再吃，青澀的時候吃很粗糙，而且容易傷到口腔黏膜。

## ＞對你的健康有益

**含豐富維他命A：**

對心臟不好的人來說是很理想的水果。

**含豐富維他命C：**

能對抗牙床疾病、口腔疼痛以及胃痛。

**用芒果樹根泡茶：**

可利尿。

**用芒果皮泡茶：**

能退燒。

**芒果的樹脂可以對抗梅毒與抗癌。**

## ＞對你的健康有害

芒果含大量糖份，想減肥的人應該少吃。

# Confiture de mangues
# 芒果果醬

### ＞你應該準備

800公克晶糖

1公斤芒果

1顆檸檬

### ＞如何做

❶ 將芒果剝皮去核、果肉切碎，並且別讓果汁流失了。檸檬榨汁。

❷ 將果肉與果汁過磅，與糖的比例為1公斤果汁：800公克糖。將水果、糖和檸檬汁混合，浸泡30分鐘。

❸ 30分鐘後將它加熱至沸騰，再用小火煮20分鐘，不蓋鍋蓋。取出裝瓶密封。

如何知道你的果醬是不是大功告成？
在煮的過程中用湯匙取一小滴，滴在盤子上，冷卻後搖晃一下，如果能夠固定不動就表示成功了。

# *Terrine de mangues*
# 芒果果凍

## ＞你應該準備

2顆芒果

50公克砂糖

5ml水

1湯匙吉利丁粉

## ＞如何做

❶將芒果去皮去籽，儘可能保留住果汁。

❷留幾片果肉備用，其餘全部打成汁。

❸在小鍋中用水溶解吉利丁粉，再加入砂糖攪拌均勻呈濃稠狀。加熱，一沸騰即關火。

❹把熱的糖漿與芒果果肉和果汁混合。輕輕攪拌之後倒入事先準備的容器內。

❺冷卻後放冰箱冷藏3至4小時，從容器中取出食用。

食用時也可以在果凍上淋上現打的芒果汁。

Les hommes c'est comme les melons il faut en tâter plusieurs avant de choisir le bon

Et que l'on ne dise pas que les français sont machos ! c'est une expression dite par des quand elles parlent des ....

Elles préfèrent en essayer plusieurs avant de se marier avec le bon.

Et vous ?
comment faites vous pour choisir un melon ?
.... ou
un mari ?

# *Melon* 哈密瓜

卡路里：31卡路里／100公克
維他命：A-B1-B2-B3-B6-B9-C-B5
礦物質：鈣、氯、鐵、鎂、磷、鉀、鈉、硫、鋅
原產地：埃及、中國

「選男人就像選哈密瓜，要多摸幾個才選得出最好的。」
（les hommes c'est comme les melons,
il faut en tâter plusieurs avant de choisir le bon.）
這句話的意思並不是說法國男人都不好，
而是法國女人比較希望在婚前多交往幾個不同的男人……
最後挑一個最好的。
妳呢？妳怎麼選哈密瓜？……
又如何挑丈夫呢？

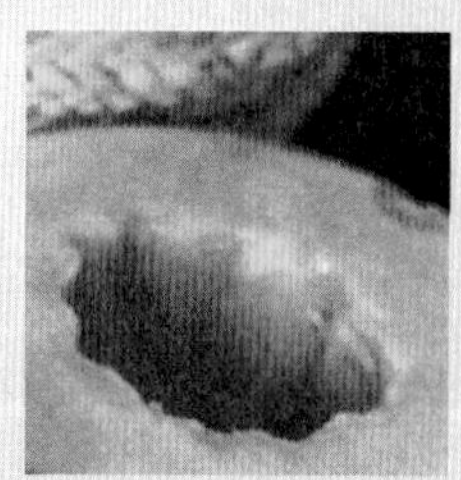

## ＞你知道嗎？

就食物本身來說，哈密瓜其實是沒什麼營養價值的，不過它的確是非常消暑的水果。

> 提醒你

法國人通常是餐前吃哈密瓜（最好單獨食用，不加其他食物），因為它能開胃。

## > 對你的健康有益

**利尿與助瀉：**

它可以幫忙排除體內毒素。（尤其是有習慣性憋尿與便秘的人。）

**關節、血壓等方面：**

坐骨神經痛、關節炎、風溼、痛風、高血壓、貧血、肺結核、便秘和痔瘡等患者可多食用。

**哈密瓜皮乾：**

連續飲用哈密瓜皮乾浸泡的茶數日，對排除體內液體有困難的人很有助益。

## > 對你的健康有害

肝臟與膽囊有毛病的人最好少吃。

## 美容養顏

臉部乾燥的人可以用哈密瓜調製的乳液敷臉。方法如下：取哈密瓜汁、牛奶、蒸餾水，以1比1比1的比例調合，每天晚上塗抹於臉部，可以活化肌膚與去斑。

# *Melon au jambon cru*
# 火腿哈密瓜

在法國，哈密瓜作爲前菜的機率比作爲甜點更高。
這道菜餚可原味享用，或是在切對半的哈密瓜上淋上5ml的紅博多酒（porto rouge）。
哈密瓜與切成薄片的生火腿可說是絕配。

**>你應該準備**

1顆哈密瓜
帕瑪（Parme）火腿薄片

**>如何做**

❶哈密瓜切對半，去籽。
❷再切成1/4或1/8。將果肉與果皮用刀子切開，再把果肉切成約1公分寬，留在果皮上，前後錯開地擺。
❸最後，把一片片火腿分別鋪在每一塊哈密瓜上。

>小叮嚀　這一道前菜一定要涼涼地食用。火腿則要切的相當薄，幾乎透明。

# *Soupe glacée au melon*
# 綠哈密瓜涼湯

**>你應該準備**

1人份

1顆綠果肉哈密瓜

2葉薄荷

1/2檸檬

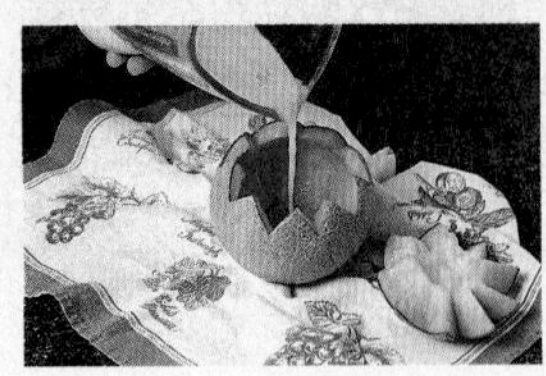

**>如何做**

❶哈密瓜上方切開成鋸齒狀，去籽。

❷挖出果肉，與薄荷、檸檬一起放進果汁機打汁。

❸倒回1中，放冰箱冷藏。

>小叮嚀　一定要選綠色果肉的哈密瓜，否則味道不對。
吃的時候要冰的夠涼。如果哈密瓜太大可以兩個人分食。

un peu comme
le citron, il
y a une expression
qui signifie
que l'on tire de vous
tout ce qu'il y a
de bon et qu'après

"on presse l'orange et on
jette l'écorce"

ça se passe
de
commentaires
n'est ce pas?

c'est un fruit qui
se conserve très bien et le prisonnier
aura tout le temps pour les manger!
c'est sympa, non ? mais la dure
réalité !

# 柳橙 Orange

卡路里：43卡路里／100公克

維他命：B1-B2-B3-B5-B6-C-D

礦物質：溴、鈣、氯、銅、鐵、鎂、錳、磷、鉀、矽、鈉、硫、鋅

原產地：亞洲、非洲

柳橙和檸檬有相同的命運——
可利用的汁被榨光後就被甩了！
「榨柳橙汁，丟橙柳皮」(on presse l'orange et on jette l'écorce)，
意指過河拆橋。是不是很寫實呢？
柳橙和檸檬可說是「同病相憐」，總讓人聯想到不愉快的事——
「我會帶柳橙去牢房探望你。」我們總是帶柳橙去牢房探望人，
因爲它最容易保存，隨時想吃都可以。

## >你知道嗎？

在越南，有送柳橙給新婚夫婦的習俗。而在中國，到女方家提親的時候，總要帶著柳橙。

有一句阿拉伯諺語：「柳橙早上如金，中午似銀，晚上變鉛。」意思是說，一天之中時間越晚，柳橙就越難消化。

> 提醒你

在柳橙上刺滿丁香還可以驅蟲。（完成後的香味非常重，至少可以使用數個月之久。）

## >對你的健康有益

柳橙與檸檬的成份幾乎大同小異，不過它比檸檬更容易被身體接受。不同年齡的人皆可食用。它是維持體內均衡的好水果。

## >對你的健康有害

有關節炎的人應適量食用。肝與膽囊有毛病的人則請勿食用。

## >美容養顏

柳橙與檸檬一樣，能用來保養臉部，不過它還多一項防止皺紋的功能。

# *Tarte à l'orange*
# 柳橙塔

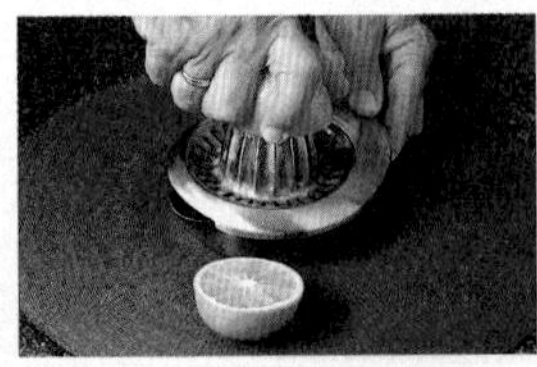

## ＞你應該準備

直徑24cm的烤盤一個

千層麵皮（可以使用超級市場都買得到的製作酥皮湯之用的酥皮）

1顆柳橙皮切成條狀

1顆柳橙榨汁

1顆蛋

75公克砂糖

50公克軟的奶油（10公克用來塗抹烤盤，10公克塗於柳橙表面，剩餘的則用來與餡料混合）

幾片柳橙片做裝飾用

## ＞如何做

❶ 將麵皮鋪在塗過奶油的烤盤上，再用叉子戳一戳。

❷ 將條狀柳橙皮、柳橙汁、蛋、砂糖以及剩餘的奶油一起放在一個大碗內，用打蛋器攪勻。

❸ 把2倒入1，再放上柳橙片做裝飾，並於柳橙片上刷上奶油。放進預熱170度的烤箱中烤35分鐘。之後用上火烤表皮至呈金黃色。

> 小叮嚀

柳橙塔應該要薄薄的，烘烤過程中須時時注意才不會把柳橙片烤焦了。

# *Mousse à l'orange*
# 柳橙慕斯

## >你應該準備

1公升柳橙汁
250公克砂糖
10個蛋黃
100公克奶粉
35公克吉利丁片
500公克鮮奶油

## >如何做

❶大碗公內放蛋黃和砂糖。用打蛋器使勁攪拌。

❷取一個鍋倒入柳橙汁，並加進奶粉。加熱，同時用打蛋器使勁攪拌，直到沸騰。

❸將2倒進1裡，並持續用打蛋器攪拌均勻。倒回鍋子。

❹將吉利丁片放冷水中軟化，將它自水中取出慢慢放入3中，一面以中火加熱一面用打蛋器輕輕攪拌，直到吉利丁片完全溶入液體中。待涼備用。

❺將鮮奶油用打蛋器打成泡沫狀，一點一點加入4中攪拌均勻。最後倒進透明容器中，置冰箱冷藏。食用時可搭配餅乾。

∨小叮嚀

每一種略帶酸味與有色彩的水果，都適合做成這一道甜點。

oui !
Je sais.
Les français
pensent
qu'à ça, me
direz vous !
Mais il reste quand même que l'on
compare les seins d'une jeune fille aux
pamplemousses, et alors ? c'est gentil non ?
alors si vous souffrez de nervosité et si
vous n'arrivez pas à contrôler vos émotions
le pamplemousse vous est déconseillé !
hystériques .... s'abstenir. Merci –

# 葡萄柚 Pamplemousse

卡路里：33卡路里／100公克

維他命：A-B1-B2-B3 -C-E-B5-B6

礦物質：鈣、氯、銅、鐵、鎂、錳、磷、鉀、鈉、硫、鋅

原產地：亞洲

我知道你們會說法國人腦子裡只會想這些。

我們拿葡萄柚來比喻女人的胸部……

還好吧？

這還算含蓄吧？

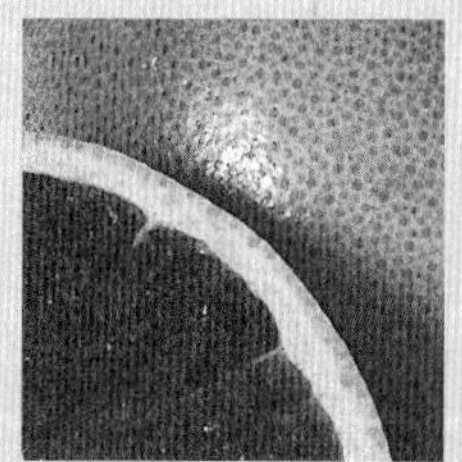

## ＞你知道嗎？

葡萄柚的功效不如檸檬或柳橙，不過它能讓人快速解渴。它的維他命C含量只有柳橙的百分之四十。

爲了讓葡萄柚的功能達百分之百的效果，最好在餐前食用並且不加糖，因爲糖會提高葡萄柚的酸性。

### >對你的健康有益

因爲關節炎、風溼、感冒或傷風而感到不舒服的時候，吃葡萄柚是很有益處的。如果空腹食用（且不加糖），它有助瀉劑的功能，可以幫內臟清毒。

你缺乏活力嗎？葡萄柚能讓皮膚與神經系統再生，並且強化肺臟。

### >對你的健康有害

你容易緊張、控制不住情緒、神經質嗎？你有痛風、脫鈣的毛病？如果是，吃葡萄柚對你是會有害的。

### >美容養顏

就像柳橙與檸檬一樣，葡萄柚用來清潔臉部效果極佳。

# Terrine aux deux agrumes
# 葡萄柚柳橙凍

## ＞你應該準備

2顆葡萄柚
3顆柳丁
40ml白葡萄酒
50公克砂糖
1湯匙吉利丁粉
1顆丁香
1根肉桂
1顆八角
2粒胡椒

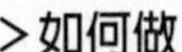

## ＞如何做

❶先把半顆葡萄柚與半顆柳丁的皮削下切成條狀備用，再把所有的水果去皮只取完整的果肉部分。

❷將白葡萄酒、肉桂、八角一起加熱至沸騰，關火。預留10ml與吉利丁粉混合直到完全溶解，放在一旁，待涼。

❸將砂糖、胡椒、丁香、葡萄柚與柳丁的皮放入煮過的白酒中用小火加熱，直到呈濃縮糖漿狀，關火，再與有吉利丁粉的10ml白酒混合。

❹把3倒入容器底部薄薄的一層，放進冰箱冷藏約10分鐘。

❺將先前取出的果肉平均的放進容器中再淋上白酒糖漿，一層果肉一層糖漿。完成後，蓋上保鮮膜放冰箱2小時。

>小叮嚀　食用前先將容器浸在熱水中兩秒鐘，倒出果凍，再淋上剩下的白酒糖漿。

# *Sauce crème au pamplemousse*
# 葡萄柚奶醬

## >你應該準備

1顆葡萄柚榨汁

2茶匙芥末

1/2顆檸檬榨汁

10ml鮮奶油

鹽和胡椒

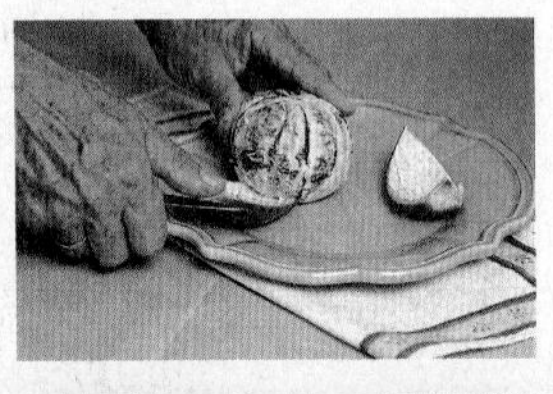

## >如何做

❶葡萄柚汁與檸檬汁混合。

❷加入芥末攪拌均勻。

❸最後加入鮮奶油。依個人口添味加鹽和胡椒。

>小叮嚀　此醬汁沾魚或雞肉都很恰當。如果你想讓醬汁比較滑稠，可以把鮮奶油先打成泡沫再混合其他材料。

La pastèque contient [illegible] nombreux pépins
peut être est ce [illegible] [illegible]
qu'elle est le symbole
de la fécondité ?

La pastèque
est un gros fruit, gros fruit. Il n'est
sans doute le plus [illegible] étonnant les expressions
donc pas [illegible] [illegible] pastèque laissent
qui sont associées à
ressortir l'image importante que l'on
veut exprimer -

# Pastèque
## 西瓜

卡路里：25卡路里／100公克
維他命：A-B1-B2 -B9-C-B5-B6
礦物質：鈣、氯、鐵、鎂、磷、鉀、矽、鈉、硫、鋅
原產地：非洲。

西瓜在水果之中，無疑是個巨無霸。

因此，在語言當中，它也經常被用在表達同性質的情況裡。

「我要把你的頭打到像西瓜一般大。」（Je vais t'en foutre plein la pastèque）

說這話的人肯定氣炸了，準備捶對方的頭，

而且不只一拳，一定要捶到對方滿頭包爲止。

## > 你知道嗎？

西瓜因為多籽兒，所以也是繁殖力的象徵。

> 提醒你

晚餐後最好不要吃西瓜。

## > 對你的健康有益

**利尿與鎮靜：**

腎臟、尿路系統與前列腺有毛病的人應多吃西瓜。

**哺乳婦女：**

可以幫助血液、礦物質再生。

**關節系統方面：**

能舒緩痛風、關節炎、風溼、坐骨神經痛的痛苦。

**胃方面：**

減少胃酸。

## > 對你的健康有害

避免購買已經切開一段時間的西瓜，因爲其中的砷經氧化後會對身體造成不好的影響。

你的肝或膽囊不舒服？你有腹瀉的症狀？那麼，西瓜對你都不好。

# *Pastèque surprise*
# 驚喜西瓜

這是一道在西瓜裡集合了所有的水果的點心，夏天食用非常爽口清涼。

## >你應該準備

1顆蘋果
1顆柳丁
1顆梨
1顆奇異果
1顆芒果
1顆檸檬
1根香蕉
1塊西瓜
1塊哈密瓜
12顆草莓
50公克砂糖
幾片剪碎的薄荷

## >如何做

❶將所有的水果去皮切成丁狀。

❷把切好的水果放在一個大碗公裡，加進砂糖、水果酒攪拌混合後，再撒上剪碎的薄荷。

❹把西瓜分成上下兩部分，像是一個盒子。再把裡面挖空。

❸將2填入西瓜裡，置入冰箱待冰涼。

>小叮嚀　在水果中加入50ml的水果酒會讓它更出色。

# *Pastèque confite*
# 糖漬西瓜

### >你應該準備

300公克西瓜

100公克砂糖

### >如何做

❶西瓜切丁去籽。

❷西瓜丁與砂糖放入一個大碗公，輕輕地攪拌。

❸把2放到一個小鍋，用大火炒幾分鐘。

❹取出後迅速放到容器中，再置入冰箱冷藏。

>小叮嚀　在鍋中炒時要不停地攪動，一方面讓糖凝固，一方面讓西瓜產生的湯汁蒸發。
冰涼後食用。

Le poirier est le symbole de l'archarnement
et la poire celui de Tantale !
Ce fruit est celui qui totalise le plus grand
nombre d'expressions - Alors j'ai fait u

sélection

"en prendre plein la poire" même
plus que pour la
pastèque !
mais en moins violent !

"couper
la poire en deux"
veut dire transiger dans une négociation
et arriver à une solution équitable
pour les deux parties -

"quelle poire ce type" est une personne
qui se laisse tromper facilement -

# Poire 梨子

卡路里：62卡路里／100公克

維他命： A-B1-B2-B3-C

礦物質：砷、硼、鈣、氯、銅、鐵、碘、鎂、錳、鎳、磷、鉀、矽、鈉、硫、鋅

原產地：中國

用梨子為比喻的法文詞句也很多，
以下例舉一二：
「揍到一堆梨」（en prendre plein la poire），
這跟先前西瓜的狀況一樣，
只是說法比較不那麼暴力罷了。
「對切梨兩半」（couper la poire en deux），
是說兩方的爭執達成了協議。
「這號人物，真是個梨」（quelle poire, ce type），
表示是個容易上當的人。
「留一顆梨以防口渴」（ garder une poire pour la soif），
積穀防饑之意。

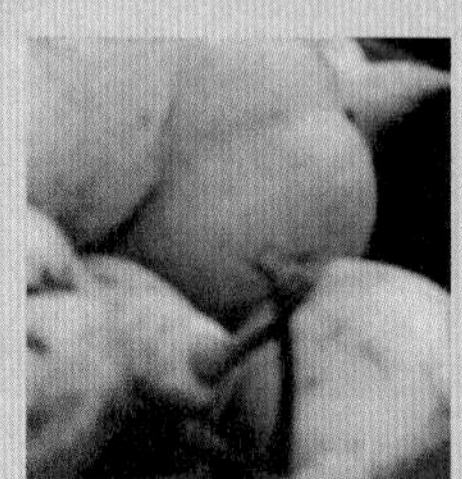

**>你知道嗎？**

全世界百分之二十的梨子產量來自中國。中國同時也是它的原產地。

## >提醒你

梨子最好生吃，煮熟後容易造成脹氣。

## >對你的健康有益

**肥胖症：**

它是一種幫助利尿的水果，能排除水腫、發炎的症狀，以及消除過多的脂肪。

**對於學生：**

梨子有助於對抗過度勞累，學生與用腦過度的人非常需要。

**皮膚方面：**

它有淨化的功能，讓有效預防粉刺、溼疹、牛皮癬、泡疹、蕁痲疹等皮膚的各種毛病。

**血液方面：**

它幫忙形成紅血球，並且淨化血液使血液更流暢。

**對於孕婦：**

能再造礦物質與滋養身體，是對孕婦十分有益處的水果。

**糖尿病：**

梨子所含的lévulose是一種植物性的果糖，能夠讓糖尿病患者接受吸收。

**高血壓：**

它能調節動脈血壓。如要讓效果更好，可與蘋果混合，這兩種水果的效能可以讓腎臟的代謝順暢、排除囤積在皮膚組織下多餘的水份。

## >對你的健康有害

拉肚子或痢疾者禁食。

# *Poires au vin*
# 酒梨

**>你應該準備**

1公斤結實的鴨梨

75ml紅或白葡萄酒

100 公克砂糖

1 根肉桂

3 顆丁香

**>如何做**

❶鴨梨去皮，梗子剪一半。

❷鴨梨放入一燉鍋中，倒進葡萄酒，浸滿鴨梨。（如不足可以加水。）

❸再放入砂糖、肉桂和丁香。

❹用大火煮到沸騰，換小火燉煮。不時小心地翻轉鴨梨。湯汁會漸漸變濃，大約35至40分鐘煮熟。

❺用一個漏杓把鴨梨取出，放在盤子上。湯汁則繼續加熱讓它變得濃稠，像糖漿一樣。分別放進冰箱。食用時，再把湯汁淋在鴨梨上。

>小叮嚀　使用一般的葡萄酒就可以了，不過品質還是要佳。

# *Gâteau fondant aux poires*
# 梨子蛋糕

## >你應該準備

直徑24cm烤盤一個

5顆梨子

150公克砂糖

100ml鮮奶

2茶匙發酵粉

150公克麵粉

2顆蛋

3湯匙沙拉油

20公克塗烤盤用奶油

1小撮鹽

## >表皮的準備

80公克奶油

1顆蛋

3湯匙砂糖

## >表皮的做法：

❶奶油先用小火融化。

❷取一個碗放入蛋和砂糖，打成均勻色澤，再將奶油慢慢加入並一邊攪拌

## >如何做

❶ 預熱烤箱180度。

❷ 將蛋、砂糖和鹽放在一個大碗公內，混合打散至呈白色泡沫狀。

❸ 麵粉和發酵粉邊攪拌邊放入2裡面，混合均勻後再倒入鮮奶和沙拉油。

❹ 烤盤塗上奶油，倒下一半的3。梨子去籽、去皮，切成片狀。再把部分切好的梨鋪在麵糊上。鋪好後，倒進剩餘的麵糊，再放上剩下的梨子。

❺ 進烤箱烤30分鐘。

❻ 蛋糕烤30分鐘後，平均淋上表皮醬，再放回烤箱烤20分鐘。完成後，待冷卻。

>小叮嚀 假如買的梨不夠熟，可以去籽去皮後，
切成1/4泡在加有3湯匙砂糖的水中滾煮5分鐘。

Symbole de séduction et de désir la pomme est un laisser passer pour le paradis – "une pomme par jour éloigne le médecin" dit un proverbe français

# 蘋果 Pomme

卡路里：50卡路里／100公克

維他命：A-B2-B3-B5-B6-C-E

礦物質：鋁、砷、硼、溴、鈣、氯、鈷、銅、鐵、氟、碘、鎂、錳、磷、鉀、矽、硫、鋅

原產地：非洲、歐洲

在法文中，蘋果也是常用來作比喻的字——

「咬了蘋果」（croquer la pomme，偷食禁果），

不用對你多說明，只要知道夏娃吃了蘋果，

也就是人間天堂的「禁果」，你應該就知道這個舉動的意思了。

「三顆蘋果高」（haut comme trois pommes），

指孩子們還很小。

「掉進蘋果堆裡」（tomber dans les pommes），

指昏厥過去。

「這是給我的蘋果」（c'est pour ma pomme），

也就是說「這是我的」。

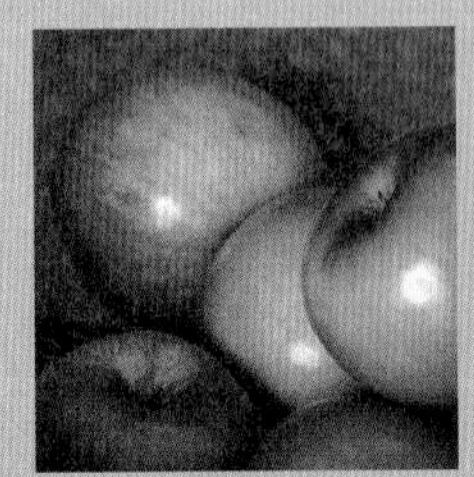

## >你知道嗎？

在希臘神話中，蘋果是通往天堂的通行證，也是魅力與慾望的象徵。

蘋果象徵人類的原罪，因爲亞當與夏娃被誘惑吃了它。

自從牛頓之後，我們看到它就想到地心引力。

法國有一句諺語：「每天一顆蘋果，就離醫生越來越遠。」

## >提醒你

蘋果可以加在蔬菜、沙拉、蜂蜜、牛奶中一起食用。

蘋果食用前最好先削皮，原因有二：

1.它的纖維素不易消化，而且容易在腸子內發酵產生氣體。

2.因為農藥的關係。如果你確定水果沒灑過農藥，則它的果皮含有維他命B3，能保持神經系統的運作正常。

## >對你的健康有益

**關於年輕：**

它幫助器官排水製造年輕的肌膚組織，是再生與煥然一新的使者。它刺激消化腺的分泌並保護胃粘膜。

**關於睡眠：**

睡前一杯蘋果汁可以讓你睡一個恢復體力的覺。

**心臟方面：**

科學界難得一致同意——蘋果能幫助減少膽固醇，預防動脈硬化及心肌梗塞。

## >對你的健康有害

除了要熟透後才食用之外，沒有任何負面意見。蘋果太青澀的時候食用，會因爲含有過多的酸而造成消化系統的問題。這種酸會帶給有關節炎和風溼的人不好的影響。

## >美容養顏

以蘋果爲基質的保養液有助於消除皺紋與鬆弛肌膚。

# *Tarte aux pommes*
# 蘋果塔

## >你應該準備

一個直徑32cm的烤盤

碎麵糰

8顆蘋果

100公克香草砂糖

20公克奶油

## >如何做

❶將兩顆蘋果各切成四片，去皮、去籽。與100ml的水以及50公克的糖，一同放進鍋子。蓋鍋小火煮15分鐘，過程中攪拌二至三次。等涼了之後，再用叉子把果肉壓碎。

❷烤盤塗抹足夠的奶油，放上壓平的碎麵糰。用叉子在麵皮上刺洞，以防止烹烤過程中麵皮膨脹起來。

❸剩餘的蘋果去皮、各切成四片，再切成薄片。

❸ 將壓碎的蘋果泥平均倒在麵皮上，再把切好的蘋果薄片鋪在上面，用刷子刷上一層溶化的奶油，之後撒上剩下的砂糖。

❹ 放進預熱170度的烤箱烤30分鐘。

❺ 烤完後取出，趁熱在表面刷一層以水與杏桃1比1比例調製的果醬汁，讓表面看起來有亮度。

# *Compote de pommes à la cannelle*
# 蘋果肉桂泥

年長的人對它特別喜愛，它通常也是我們餵食嬰兒的第一種副食品（不含肉桂）。也可以搭配如血腸的主菜、填滿作塔派。一天中任何時候冷吃熱食皆可。

**＞你應該準備**

6 顆蘋果
100 公克砂糖
1 支肉桂
100ml水

**＞如何做**

❶蘋果去皮、去籽切1/4。
❷鍋子加水放蘋果、砂糖、肉桂。用小火蓋鍋煮15分鐘。
❸煮熟後取出肉桂，用叉子壓碎蘋果。

La mandarine
fait partie d'une
grande famille : celle
des agrumes _ Comme
dans tous les familles
il y a un père, une
mère et des enfants
Ah ! Quelle belle
famille, mais laissez
moi vous la présenter
Le grand père serait
parait il
le Cédrat
à l'allure de gros citron, parfois appelé
"Main de Boudha" à cause de sa forme évoquant
un peu une main recourbée _

# *Mandarine* 橘子

卡路里：40卡路里／100公克
維他命：A-B1-B2-B3- B6-C-B5
礦物質：溴、鈣、氯、鐵、鎂、磷、鉀、硫、鈉、鋅
原產地：亞洲

橘子是柑橙類水果家族的成員之一，就像所有的家庭一樣有爸爸、媽媽與小孩。
哇！好大的一個家庭，讓我一一介紹給你吧。
橘子的祖父應可上溯到枸櫞（le Cedrat），它看起來像很大的檸檬。
在法國有時我們稱它爲「佛手」，因爲它像佛祖合十的雙手。
再來是最有名氣的柳橙（它有一籮筐姐妹），
它與葡萄柚生出了許多小孩：有的叫chironja，
也有的叫 shaddock-pomelo——視父母的品種而定。
然後，來自中國的橘子遇上了歐洲的苦味橘（Bigarade），
生出了一種叫Clementine的橘子，很受歐洲人喜愛，因爲它的籽很少。
但是這個中國來的橘子可不只碰上一個歐洲種，
它也與柳橙與葡萄柚的後代Pomelo有所交會，誕生了Tangelo。
橘子與柳橙的相遇則產生了Tangor。
只不過這兩種萍水相逢下的產物很快就被歐洲人遺忘了。
最後它在異國碰到了同鄉：金桔。
這兩者創造出一種迷你柳橙，我們稱之爲Calamondins，
它可以種植在室內，在歐洲，它則經常被用來裝飾房子。

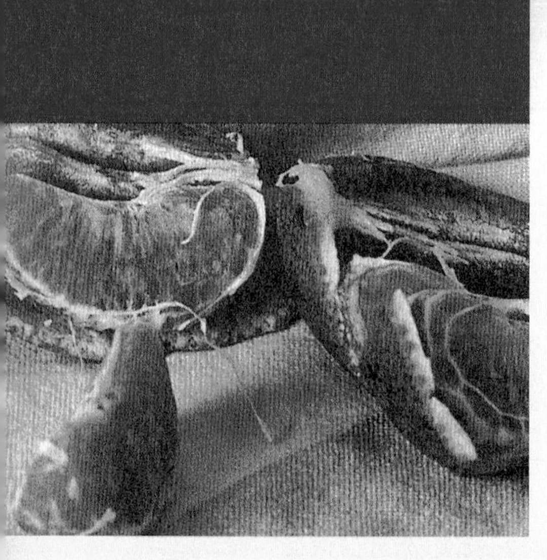

## >你知道嗎？

被稱爲「滿清官吏的柳橙」（l'orange du mandarin）的這個水果，應該是來自中國。法國人後來稱之爲"mandarine"。

## >提醒你

儘量避免與其他水果一起食用或晚上食用。

## >對你的健康有益

**關於重金屬：**

橘子可以幫助器官排除殘留的重金屬，如鉛、汞、鎘。

**關於膽固醇：**

它可消除膽固醇。建議高血壓患者食用。

**關於脹氣：**

可以防止脹氣。

**關於強化：**

能夠強化肌膚組織、骨骼、牙齒以及頭腦。

**關於腫瘤：**

它有使腫瘤、纖維瘤、囊瘤消失的作用。

## >對你的健康有害

**關於糖尿病：**

不建議糖尿病以及有胃潰瘍或胃酸過多的人食用。

## >美容養顏

橘皮提煉的精油是製作香水的原料之一。

Quel est le fruit
dont il existe 8000 variétés dans le mond
le fruit de la vigne est cet enfant prodigue
Depuis des millénaires le raisin servait à
faire du vin, la consommation du fruit
est toujours restée mineure et même dans
l'antiquité on consommait davantage de
raisins secs que des raisins frais_

# 葡萄 Raisin

卡路里：57卡路里／100公克

維他命：B1-B3-C-E-B5-B6

礦物質：砷、硼、溴、鈣、氯、鐵、氟、碘、鎂、錳、鎳、磷、鉀、矽、鈉、硫、鋅

原產地：地中海沿岸

世界上哪一種水果有8千多種不同的種類呢？

葡萄。

千年以來，葡萄都被用來釀酒，相對的食用新鮮水果的用量則較少，

就連葡萄乾被使用的量都比新鮮葡萄多。

最佳的葡萄乾產地在地中海沿岸（希臘、土耳其、西班牙），

因爲那裡有最充足的陽光。

葡萄乾經常被用來做糕點，或是早餐配麥片吃，

或是搭配餐前酒。

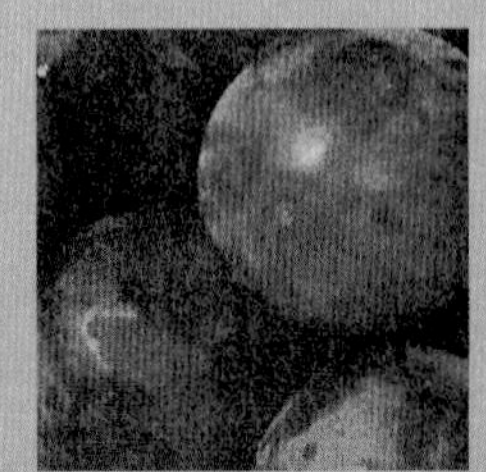

### >你知道嗎？

葡萄在希臘神話中是一種迷幻誇張的代表。葡萄園是用來獻給戴奧尼索斯（Dionysus）——解放心靈身體各種感官的酒神。葡萄園象徵豐收、富裕以及生命。葡萄園的產物——葡萄酒——則象徵智慧。

## ＞提醒你

食用葡萄籽提煉的油，能夠有效地消除體內膽固醇

## ＞對你的健康有益

**對於小孩：**

葡萄是成長發育時期非常好的食品。很容易被吸收，並且能提供許多能量。此外因爲它的糖含量極豐富，所以葡萄汁所能提供的卡路里比牛奶多。

**對於運動愛好者：**

喜愛運動以及經常大量消耗肌肉能量的人應該大量攝取葡萄。它也可以對抗疲勞。

**血管方面：**

紅葡萄比白葡萄更能提供保護與加強血管的元素。

**葡萄乾：**

可以強化腦力，抵抗傷風、著涼與咳嗽。它能幫助體內解毒。含豐富糖與維他命A、B群。比新鮮葡萄更容易消化。

## ＞對你的健康有害

肝臟不好的人，以及結核病、糖尿病、腹瀉、痢疾患者，都不建議食用。

## ＞美容養顏

可以治療粉刺。將葡萄直接敷在粉刺上即可。

Quel drôle de parcours que fit ce fruit pour arriver en Europe.

Acte 1 : Depuis très longtemps les abricotiers poussent sur les pentes de l'himalaya et les moines tibétains ont toujours fait sécher leurs fruits au soleil afin de les conserver pour l'hiver.

Acte 2 : Les voyageurs venus de Chine et qui empruntaient la route de la soie consommaient des abricots et les noyaux qu'ils jetèrent produisirent les ancêtres des arbres d'aujourd'hui en Arménie.

# Abricot
# 杏桃

卡路里：50卡路里／100公克

維他命：A-B1-B2-B3-B5-C

礦物質：溴、鈣、氯、鈷、銅、鐵、氟、鎂、錳、磷、鉀、矽、鈉、硫、鋅

原產地：地中海沿岸

杏桃到達歐洲的過程很奇特：
首先，它長久以來生長在喜瑪拉雅，
西藏喇嘛們總會在冬季來臨前將它們曬乾，以存放過冬用。
稍後，從絲路到中亞的中國人會帶著杏桃上路，
果核便沿路丟棄，於是杏桃樹就這樣長到了亞美尼亞一帶。
之後中東開始大量種植杏桃，隨後就傳入了西班牙，
最後終於到了法國。

**＞你知道嗎？**

西方人用杏桃來代表女性性徵。

## >提醒你

腹瀉時可以吃新鮮杏桃。
便秘則吃杏桃乾。

## >對你的健康有益

**對於孩童與青少年：**

杏桃含豐富的維他命A，是非常滋養的食物，可以幫助成長中的年輕人恢復消耗的腦力。

**對於孕婦與哺乳期的產婦：**

能夠幫助細胞再生。

**對於年長者與康復期的病人：**

能夠預防一般性的衰弱。

對於經常運動的人、長時間消耗體力的人(自行車騎士、健行登山者……)：杏桃乾能有效地舒緩精力的耗損。

## >對你的健康有害

對某些人會造成過敏。
千萬不要食用果核，它可能含有毒素。
杏桃乾不要再烹煮。

## >美容養顏

杏桃製成的保養品能活化肌膚。

Quel
est le fruit
qui mûrit sous terre ? l'arachide bien sûr
Ce fruit est originaire du Brésil et fut
introduit en Afrique par les trafiquants
d'esclaves et se propagea dans tout le Moyen-orient
De ce fruit on extrait l'huile qui est une
des plus consommées au monde (mais aussi
une des plus dénaturées par suite des
traitements industriels dont elle fait l'objet

# 花生 Arachide

卡路里：553卡路里／100公克

維他命：A-B1-B2-B3-B8-B10-E-B5-B6

微量元素：鈣、氯、鐵、鎂、磷、鉀、矽、鈉、硫

原產地：非洲、美洲

哪一種水果長在土裡？當然是花生！

花生原產於巴西，之後隨著奴隸的交易傳入了非洲，

很快地被大量地種植於整個中東。

它也是被提煉成使用最多的食用油之一。

做菜時用來提味，或是搭餐前酒。

在美國更做成了小朋友喜愛的花生醬。

不過，你知道花生醬是印加人發明的嗎？

## > 你知道嗎？

對法國人來說，花生也是水果的一種。如此一來，它便成了唯一一種生長在土裡的「水果」。

## >提醒你

用來塗抹麵包的花生醬儘量不要食用，根據報告顯示，那是美國人肥胖症的元兇。

## >對你的健康有益

**對於小孩：**

花生能提供許多養份並補充精力，營養不足的孩童應多食用。

**皮膚方面：**

使皮膚再生。

**血液循環方面：**

活化循環系統。

**抵抗力：**

能提高器官對抗感染的能力。

## >對你的健康有害

腸胃或肝臟有毛病的人不建議食用。體重過重者也不適合。

## >美容養顏

用花生清洗肌膚可以除皺防紋。

La Tomate comme chacun
sait vient d'Amérique

# Tomate 蕃茄

卡路里：35卡路里／100公克

維他命：A-B1-B2-B3-B5-B6-B9-C-D-E-K

礦物質：硼、鈣、氯、鈷、銅、鐵、碘、鎂、磷、鉀、鈉、硫、鋅

原產地：北美與南美 ，1550年傳入歐洲

如大家所知，蕃茄來自拉丁美洲，1550年傳進歐洲。
法國人又叫它「戀愛的蘋果」，因爲它像女孩被挑情後紅了的臉蛋。
於是，也有了「臉紅的像蕃茄」的說法。
後來有人把它用在劇院內，
觀眾不滿意某個演員的表演時，就對他扔擲熟透的蕃茄，
通常這個演員會趕緊羞愧的下台，
以免被淹沒在蕃茄泥堆中。
近來農民們也常在遊行抗議的行動中使用蕃茄，
以表達他們對一些體制的不滿。

## >你知道嗎？

在希臘神話裡，蕃茄被認爲有容易受孕的功能。一對想要生孩子的夫妻，行房前應該多吃蕃茄。

因為農藥的關係，番茄最好去皮或多次清洗。番茄的果皮不好消化，據說有百分之五十的闌尾炎是由它所引起的。

### >對你的健康有益

習慣性地食用蕃茄可以抗癌。

一段時間內固定地食用蕃茄，可以為器官解毒，也可以恢復體內的礦物質。此外，蕃茄還有淨化與鹼化血液、清肝和強化神經系統的功能。

### >對你的健康有害

最好不要與弱酸或酸性水果（如檸檬）共食。

### >美容養顏

蕃茄對於發疹子的皮膚有很好的療效。

國家圖書館出版品預行編目資料

Bonjour！水果 / 喬鹿（Louis Jonval）著. -
鄭志仁翻譯．攝影. -- 初版. --
臺北市：大塊文化，2003 [民92]
面；　　公分 --（喬鹿作品；02）

ISBN 986-7975-70-7（平裝）

1. 水果　2. 食譜 － 法國

427.32　　　　92000508

表達的自由

寬容的心

生命的質感

發現人生